泡桐丛枝病研究进展

翟晓巧　范国强　主编

U0343488

黄河水利出版社

·郑州·

图书在版编目(CIP)数据

泡桐丛枝病研究进展/翟晓巧,范国强主编.—郑州:黄
河水利出版社,2019.2
ISBN 978-7-5509-2284-6

Ⅰ.①泡… Ⅱ.①翟… ②范… Ⅲ.①泡桐属-丛枝
病-研究 Ⅳ.①S763.724.3

中国版本图书馆 CIP 数据核字(2019)第038028号

出　版　社:黄河水利出版社　　　　　　　　　　网址:www.yrcp.com

　　　　　地址:河南省郑州市顺河路黄委会综合楼14层　邮政编码:450003

发行单位:黄河水利出版社

　　　　　发行部电话:0371-66026940、66020550、66028024、66022620(传真)

　　　　　E-mail:hhslcbs@126.com

承印单位:虎彩印艺股份有限公司

开本:787 mm×1 092 mm　1/16

印张:12.25

字数:281千字　　　　　　　　　　　　　　　印数:1—1 000

版次:2019年2月第1版　　　　　　　　　　　印次:2019年2月第1次印刷

定价:35.00元

《泡桐丛枝病研究进展》编委会

前　言

　　泡桐丛枝病是由植原体侵染引起的一种传染性病害,使泡桐形态上产生丛枝、节间缩短、叶片黄化以及腋芽增生等主要症状,引起一系列生理生化指标的变化,造成泡桐生长速度减慢,景观效果差,严重阻碍了泡桐的产业化进程,给我国林业生产带来严重的损失。对泡桐丛枝病经过多年的研究,积累了大量的研究成果。本书旨在及时总结泡桐丛枝病最新研究进展,为阐明泡桐丛枝病发病机制提供理论基础。

　　本书在前期研究的基础上,总结了最新的泡桐丛枝病研究进展。重点介绍了泡桐丛枝病发生的全转录组、代谢组和全基因组甲基化研究,鉴定到与泡桐丛枝病相关转录本和代谢物;绘制了泡桐丛枝病的 DNA 甲基化图谱;发现 DNA 甲基化与泡桐丛枝病发生密切相关;筛选到了与泡桐丛枝病发生的关键调控基因及调控途径。该研究结果为进一步揭示泡桐丛枝病发病机制,最终为解决泡桐生产中的实际问题奠定基础。

　　本书由翟晓巧、范国强担任主编,负责全面统筹和具体内容安排,曹喜兵负责第一章和第二章的编写工作,赵振利负责第四章和第五章的编写工作,其他人员共同参与了第三章、第六章的编写以及本书中大量的数据统计分析工作。本书的内容查阅了大量的文献,在此向文献的作者表示诚挚的感谢。同时,也要感谢在河南农业大学泡桐研究所工作的同事以及毕业和在读的博士、硕士研究生们,他们对推动泡桐丛枝病研究付出了辛勤劳动! 泡桐丛枝病发生机制研究工作也将在此基础上,伴随着科学技术的进步深入开展下去。

作　者

2018 年 11 月

目　录

第一章　泡桐丛枝病研究进展

泡桐,原产中国,玄参科(Scorphulariaceae)植物,是我国重要的速生用材、庭院绿化和防护林树种之一,在我国的 25 个省(区、市)均有分布,现已有 2 000 多年的栽培史(蒋建平,1990)。泡桐适应性强、生长速度快、材质优良,近年来已成功引种至韩国、日本、澳大利亚、印度及美国等国家(Ipekci et al. ,2003;Krikorian,1988)。泡桐材质不翘不裂、纹理美观、耐酸耐腐,且加工方便,故能用于制造家具、乐器和工艺品,以及作为建筑用材(蒋建平,1990),从而深受广大林农的喜爱。因其速生、冠大叶茂、耐干旱、易繁殖及能净化空气、美化环境等特性,在防风固沙、改善生态环境等方面发挥着重要作用。然而,由植原体的感染引起的泡桐丛枝病能导致幼树死亡,大树生长缓慢、蓄材量降低,每年所造成的直接经济损失达数十亿元,严重影响了我国泡桐产业的发展(Du et al. , 2005;Yue et al. , 2008)。

第一节　丛枝病研究进展

一、丛枝病植原体的研究

植原体,原称类菌原体(Mytoplasma-like Organism,MLO),是专性寄生于植物韧皮部筛管中的柔膜亚纲类微生物。自 1967 年土居养二在泡桐中首次发现 MLO(Doi et al. ,1967)以来,在桑树(Morus)、马铃薯(Solanum)、葡萄(Vitis)、翠菊(Callistephus)和洋葱(Allium)等植物中也陆续发现了 MLO 的存在。从此,MLO 引起了各国学者的高度关注,20 世纪 90 年代初,国际细菌分类委员会提出用"植原体"作为其属名。植原体无细胞壁,遗传物质为线状核酸类物质,其大小为 50～1 000 nm,形态多为圆形或椭圆形,有少部分会呈棒状、球状和哑铃状等,其基因组大小为 600～1 200 kb,G + C 含量占总碱基成分的 23%～30%,繁殖方式为芽殖和裂殖(任国兰等,1996),在寄主体内主要通过营养物质的运输而扩散,在体外主要通过叶蝉、飞虱等传播。通常情况下,感染植原体的植物会出现一系列畸形状态,如丛枝、矮小、叶片黄化、花器官叶状改变等,甚至导致整个植株死亡。目前,在世界范围内有 1 000 多种植物感染植原体,给林木生产造成严重的经济损失。

植原体的早期分类主要是根据寄主植株在感染植原体后所表现出的不同生物学性状进行的,如 Shiomi 等(1984)和 Kirkpatrick 等(1987)将植原体分为衰退、丛簇和变绿 3 个组。但由于不同环境条件下感染植原体的寄主症状表达会有所不同,因此根据生物学特性对植原体进行分类是不可靠的。随着分子生物学研究方法的飞速发展,基于免疫学、分子探针以及植原体 16S RNA 和核糖体蛋白基因的植原体分类方法相继诞生。例如,根据序列同源性原理,通过克隆不同植原体的 DNA 探针来分析不同植原体之间的遗传关系对植原体进行分类。Seemüller 等(1998)通过对植原体 16S rDNA 基因序列进行 RFLP 分析,将 57 个株系植原体分为 20 个组。除此之外,还有依据植原体的染色体 DNA 进化信息等分类方法。目前,世界范围内已经有 32 种植原体株系被报道(Lee et al.,2011),并且一些植原体在不断分化,由此也导致了该病原的寄主相对广泛。

植原体检测一直以来是其病害研究的重点和难点。自 1967 年泡桐植原体发现至今,其检测方法已经从传统的症状学诊断和检测发展到现代分子生物学水平上的诊断与检测。传统上检测植原体主要是依据植株感染植原体后所表现出的症状,例如植株黄化、矮化、丛枝、叶片变化、节间缩短等。但由于同一种植原体在不同植物,或者同一植物的不同组织、不同生长发育阶段都有可能表现出不同的症状,且不同种类的植原体感染或者外界胁迫条件下都有可能引起寄主植株表现出相似的病害症状。因此,单凭传统的检测方法来鉴定和检测植原体病害是不可靠的(宋晓斌等,1997;张松柏等,2010)。电子显微镜技术及荧光染色法的应用为植原体检测开辟了新途径。Lee 等(1983)通过电子显微镜观察到植原体的完整的立体结构,随后科研工作者通过利用电子显微镜技术在重阳木(Bischofia polycarpa)(陈永萱等,1986)、橡胶树(Hevea brasiliensis)(陈慕容等,1991)等木本植物中也相继检测到了植原体的存在。与此同时,研究者还发现利用荧光染色剂检测植物筛管中过量积累的胼胝质也可以间接地检测植原体的存在。但是这两种方法都容易产生假阳性的情况。随着分子生物学技术的飞速发展,以血清学为主的免疫学检测方法在泡桐、枣树、桑树及梨树等植物中均成功检测到植原体的存在(袁小环等,2001;韩国安等,1990;Shen et al.,1993;Jiang et al.,1989;Chen,1988)。自 20 世纪 80 年代 PCR 技术发明以来,运用 PCR 检测植原体的方法开始在世界各国广泛应用。Deng 等(1991)利用 PCR 技术检测到了翠菊黄化病植原体,促进了对植原体生物学特性及传播方式的了解。依据直接 PCR 在植原体检测中的广泛应用,nested - PCR、免疫捕获 PCR、RT - PCR、协同 PCR 等植原体 PCR 检测技术也相继出现,因 PCR 技术具有操作简便、周期短、准确度高以及对模板 DNA 要求不高等优点,使其在植原体的检测和分类上起到了推动作用。

自植原体发现以来,科研工作者对植原体进行了大量研究,包括繁殖方式(任国兰等,1996)、传播途径(Chiykowski,1988)及在寄主体内的变化规律(曹亚兵等,2016)等。但因植原体不能在离体条件下培养,致使植原体与寄主之间相互作用的分子机制仍不清楚。随着测序技术的不断发展,研究者对洋葱黄化植原体(Onion yellows phytoplasma)(Oshima et al.,2004)、紫苑黄化植原体(Aster yellows witches′-broom phytoplasma)(Bai et al,2006)、苹果丛生植原体(Candidatus Phytoplasma mali)、澳大利亚葡萄黄化植原体(Tran-Nguyen et al.,2008)、草莓致死黄化植原体(strawberry lethal yellows phytoplasma)(Andersen et al.,2013)及目前还未发表的玉米丛枝病植原体(Maize bushy stunt phytoplasma)进行了全基因组测序,结果发现植原体与其他原核生物类似,也包含参与 DNA 复制、转录及翻译等基本代谢相关的基因(Jung et al.,2003)。除此之外,植原体内还存在大量的潜在移动原件(Potential Mobile Unit,PMU),这些多拷贝的 PMU 中包含许多参与 DNA 复制的基因(Kube et al.,2012),这可能更有利于植原体的繁殖。同时,还发现了一些植原体所缺少的代谢途径,如戊糖磷酸途径(PPP)、核酸生物合成、三羧酸循环(TCA)及氧化磷酸化等。植原体主要是通过获取寄主体内的代谢产物而成功寄生于寄主植物中。因此,清楚了解植原体和寄主植物之间的差异代谢途径以及这些差异的代谢途径与丛枝病症状发生的关系,将有助于进一步揭示丛枝病的发病机制(Oshima et al.,2004;Kube et al.,2012;Saccardo et al.,2011)。

近年来,国内外科研工作者通过研究发现植原体是通过其 Sec 分泌蛋白系统分泌的效应蛋白直接作用于宿主细胞而引起寄主植株发病。Pacifico 等(2006)对翠菊黄化植原体的基因组进行了测序分析,鉴定了 56 个潜在的效应蛋白,其中 SAP11 包含 1 个 N 端信号肽序列和 1 个真核生物双向核定位信号,主要作用于宿主植物细胞的细胞核。此外,SAP11 蛋白结合于拟南芥 CIN-TCPs 转录因子使其不稳定,导致植物脂氧合酶基因表达下调,抑制茉莉酸的合成(Sugio et al.,2011)。SAP54 蛋白通过与 Radiation sensitive23 蛋白家族相互作用,介导具有 MADS 结构域转录因子 MTF 家族的降解(只作用于 Type Ⅱ MTFs),导致植物花器官发生叶状改变,从而影响了寄主植物的繁殖。PHYL1 蛋白是 SAP54 蛋白的同系物,它主要是通过泛素 – 蛋白酶体来降解寄主植物花器官 MADS 同源的结构域蛋白 SEP3、AP1 和 CAL,并抑制其功能,导致植物花器官的叶状改变。TENGU 是洋葱黄化植原体分泌的一种蛋白,它可以从植物的韧皮部运输到其顶端分生组织,扰乱植物生长素生物合成及信号传导途径,导致植株出现丛枝和矮小症状(Hoshi et al.,2009),这些研究结果为揭示丛枝病致病的分子机制提供了理论基础。

二、植原体致病机制研究

植原体入侵寄主后,病原自身的生长繁殖会引起植物的一系列变化(见表 1-1)。下面从植原体病害寄主的形态、生理生化、组织(细胞)和分子水平的变化给予归纳分析。

表 1-1　7 种植原体全基因组基本特征

株系	洋葱黄化植原体 OY-M	翠菊黄化植原体 AY-WB	苹果簇生植原体 AT	澳大利亚葡萄黄化植原体 PAa	草莓致死黄化植原体 SLY	玉米丛矮病植原体 MBS	枣疯病植原体 JWB
引起病害	洋葱黄化	翠菊黄化	苹果丛枝	葡萄黄化	草莓致死黄化	玉米丛矮	枣树丛枝
16Sr 组	16SrI	16SrI	16SrX	16SrⅫ	16SrⅫ	16SrIB	16SrV
基因组大小	860 631	706 569	601 943	879 324	959 779	576 118	750 803
染色体形态	环状	环状	线状	环状	环状	环状	环状
G + C 含量(%)	28	27	21.4	27.4	27.2	28.5	23.3
编码区	73	72	78.9	74	78	—	77.7
总蛋白数	754	671	497	839	1 126	573	643
功能已知蛋白数	426	357	344	443	569	347	—
假定蛋白数	302	182	149	256	292	151	—

续表 1-1

株系	洋葱黄化植原体 OY-M	翠菊黄化植原体 AY-WB	苹果簇生植原体 AT	澳大利亚葡萄黄化植原体 PAa	草莓致死黄化植原体 SLY	玉米丛矮病植原体 MBS	枣疯病植原体 JWB
tRNA 基因数	32	32	32	34	34	32	32
rRNA 操纵子数	2	2	2	2	2	2	6
质粒数量	11	4	0	1	1	0	0

（一）寄主植物的形态变化

植原体侵入引起植物典型的症状主要有丛枝、花变叶、花变绿、矮化、黄化、红化、芽和叶片失绿、小叶化等。这些症状可归为丛枝类、黄化类和花器变态类等 3 大类。植原体病害发生后，单一寄主植株并不总同时呈现以上 3 类症状，有的植株出现其中的一类症状，而有的则会同时呈现两类症状，如泡桐丛枝病同时呈现丛枝和花器变态等症状。植物的形态变化因植原体和寄主种类、侵染时间及环境的差异而不同。

（二）寄主植物的生理生化变化

植原体侵入可导致寄主植物内源激素的紊乱、胼胝质积累、叶绿素和光合作用活性、氨基酸转运、碳水化合物代谢、蛋白质含量、多胺类物质、酚类化合物及其他次级代谢产物等的变化。Kesumawati 等（2006）和杜绍华等（2013）研究发现，植原体侵入可使植物体内细胞分裂素含量增加，感病植株根部组织中碳水化合物含量降低、代谢能力下降，从而影响植物正常生理代谢活动，导致整个植株发育受阻。植原体侵染后的寄主植物产生多种病症相关蛋白（PR-proteins），PR-proteins 的积累有助于植株总蛋白含量的增加，如抗病系植株的总蛋白量要远高于感病系的植株（Junqueira et al. ,2004）。酚类物质在病原侵染的植株尤其是病原侵染的抗性植株中大量积累，并且对病原菌有毒害作用，如染病苹果中多酚含量是健康苹果的 3 倍，李树也有同样的现象（Musetti et al. , 2000）。此外，植原体的入侵不仅使植物叶片内叶绿素酶活性升高，而且还使其光合作用相关基因表达水平降低（Bertamini et al. ,2002）。范国强等（1997）研究表明，病叶中胱氨酸的含量较健康叶片多，而苯丙氨酸含量则相反，病叶内的碱性氨基酸含量明显低于健叶。植原体侵入寄主引起的生理生化变化是植原体病害发生的中下游过程，研究植原体引起寄主体内的这些变化有利于科技工作者筛选出病害发生生理生化标志物。

（三）寄主植物的组织（细胞）变化

植原体可导致韧皮部组织坏死和筛管内胼胝质的积累（田国忠等，1994b）。泡桐患丛枝病后，枝的顶芽弱化，茎形成层和叶肉中的栅栏组织变薄，次生木质部导管变细，叶脉木质化程度降低，以及叶背毛刺数量减少（宋晓斌等，1993）。感染桑萎缩病的桑叶及嫩梢，叶肉细胞内部分细胞核降解、核质部分流失；叶绿体内淀粉粒和嗜锇颗粒有不同程度积累，部分叶绿体外膜破裂、基质流失，有些基粒不规则分散并降解；线粒体及粗面内质网在数量上有不同程度增加，但没有叶绿体明显，部分线粒体嵴膨胀并出现降解等现象（徐均焕等，1998）。这些变化与植原体对寄主植物的危害程度密切相关。

（四）寄主植物在分子水平上的变化

1. 寄主植物基因表达的变化

近年来,科技工作者利用高通量测序技术,研究了泡桐、莱蒙等患丛枝病前后转录组、miRNA、非编码 RNA(miRNA 和 LncRNA)、蛋白质组和代谢组的变化情况,从中筛选出了大量与泡桐、莱蒙丛枝病发生相关的基因、非编码 RNA 和代谢物等(Ehya, 2016; Liu et al., 2013; Fan et al., 2014; 范国强等,2006;2008;Fan et al., 2016,2017,2018;Dong et al.,2018)。但由于筛选出的基因、非编码 RNA 等数量庞大,很难确定丛枝病发生密切相关的特异基因、非编码 RNA 和代谢物等,因此以后还有大量工作要做。

2. 寄主植物蛋白质表达的变化

随着质谱和电泳技术的发展,国内外很多学者对植原体侵染寄主前后蛋白质组的变化开展了大量研究工作。范国强等(2003)利用单向和双向 SDS 聚丙烯酰胺凝胶电泳发现,毛泡桐和白花泡桐的健株健叶和病株健叶中存在有一种 MW24KD(pI6.8)蛋白多肽,但在病株病叶中观察不到;当病苗经抗生素处理后检测到该蛋白质(范国强等,2007a)。因此,作者认为该蛋白多与泡桐丛枝病发生特异相关。Zhong 等(2004)提取被洋葱黄化植原体侵染的蒿蒿不同组织(叶片、茎和腋芽)的蛋白质,双向电泳表明被 OY－W 侵染后的蒿蒿都能观察到特异性积累 6 个蛋白质,说明这些蛋白与其病害发生有关。Carginale 等(2004)使用 mRNA 差异显示技术鉴定和分离了被欧洲核果黄化(ESFY)植原体侵染后的杏树叶片中发生转录改变的基因,分离并鉴定到 4 个显著表达改变的基因。其中基因上调表达的一个基因编码热休克蛋白 HSP70,它是一种分子伴侣,对蛋白跨膜运输和结构折叠发挥重要作用。Margaria 等(2011)发现 GroEL(分子伴侣超家族)蛋白在被植原体侵染过的组织中上调表达,该蛋白在面临各种胁迫时很有可能在蛋白质的稳定和折叠中起着重要作用。众所周知,植物蛋白质是生命体中生理功能的执行者,是基因表达的最终产物,但不是植原体病害发生的直接原因。因此,要从根本上阐明该类病害发生的分子机制还需从植原体效应蛋白入手开展研究工作。

3. 植原体效应蛋白

植原体通过 Sec 分泌系统分泌效应蛋白直接作用于寄主细胞,调节寄主的生命活动(Hogenhout et al., 2008)。Bai 等(2009)对 AY-WB 基因组进行了分析,预测了 56 个潜在的效应蛋白(SAPs)。研究发现,SAP11 蛋白包含 1 个 N 末端信号肽序列和 1 个真核生物双向核定位信号,作用于宿主植物细胞的细胞核。此外,SAP11 蛋白与拟南芥 CIN-TCPs 转录因子结合可导致拟南芥脂氧合酶基因表达水平降低,抑制茉莉酸的合成。SAP54 蛋白通过与 Radiation sensitive 23 蛋白家族相互作用,使含 MADS 结构域转录因子 MTF 家族蛋白的降解,导致寄主花器官叶状化,影响植物的繁殖(Maclean et al., 2011; Maclean et al., 2014)。PHYL1 蛋白是 SAP54 蛋白的同系物,通过泛素酶－蛋白酶体途径降解花器官 MADS 同源结构域蛋白 SEP3、AP1 和 CAL,也导致寄主花器官的叶状化(Kensaku et al., 2014)。TENGU 是洋葱黄化植原体的一种分泌蛋白,它可以从植物的韧皮部运输到其顶端分生组织,扰乱植物的生长素信号传导及生物合成途径,导致植株呈现丛枝症状和矮小症(Hoshi et al., 2009;Minato et al., 2014)。Wang 等(2017)用 SWP1 蛋白(一种类似 SAP11 蛋白)转化烟草,结果转化植株呈现典型的丛枝症状;而另一个效应蛋白

（WAP11 蛋白）可启动细胞的免疫反应，导致寄主细胞内 H_2O_2 积累和胼胝质沉积。

目前，有关细菌、真菌和线虫等病原效应蛋白与植物互作的研究已有大量文献报道（Dou et al.，2012；Staiger，2016），但植原体与寄主互作的研究报道较少，造成该结果的原因可能是在植原体与植物互作研究中，一直存在的"有寄主基因组测序完整数据但没有病原基因组测序完整数据，或有植原体基因组测序完整数据而缺少其作用植物基因组测序数据"等现象有很大关系，严重制约了其病害发生机制的阐明和有效防治方法的建立。随着越来越多的植原体株系全基因组序列的测定，以及比较基因组学、转录组学和功能基因组学研究，植原体的效应蛋白的分析与鉴定将进入快速发展阶段。对植原体效应蛋白的深入研究将有助于揭示植原体致病机制和病原寄主互作机制，掌握植原体病害发生规律，找出植原体病害防控对策。

自 Doi 等（1967）发现植原体以来，虽说有关其研究取得了一定成果，但因不能体外培养，严重阻碍了致病机制的阐明。随着科学技术的快速发展和人们对植原体病害知识的积累，特别是基因组、转录组和蛋白质组等组学数据与传统技术手段（如生物化学、分子生物学和免疫学等）得到试验结果的整合分析，将有助于对植原体病害发生机制的深入研究，在植原体致病分子机制阐明的基础上，研发高效、环境友好型植物植原体病害防治药物。同时，结合寄主多组学研究结果开展特异目的基因的编辑，从而培育出满足人们需求的抗病植物新品种。

三、泡桐丛枝病的研究

植原体侵染植物后，会导致植物发生一系列生理生化变化。首先，植原体侵染植物后引起植物韧皮部产生大量的胼胝质以阻碍植物体内营养物质的运输，改变植物体内物质的交换量及渗透压，扰乱了内源性植物激素的代谢，从而导致植株表现出畸形状态。例如，田国忠等（1994a）通过对丛枝病泡桐进行激素检测研究发现了在患病泡桐中有活性的生长素（IAA）含量下降。其次，患丛枝病泡桐叶片的氨基酸含量比健康叶片低 1/5，丛枝病叶片中胱氨酸的含量较健康叶片含量多，而苯丙氨酸含量则相反，丛枝病叶片内的碱性氨基酸含量较健叶内的含量明显降低。随患病植物种的不同，病、健植物中酶种类和酶含量呈现一定的差异，如王蕤等（1981）发现在患丛枝病的泡桐体内过氧化氢酶、生长素氧化酶及维生素 C 氧化酶的含量都要高于健康泡桐植株。赵会杰（1995）等研究发现健康泡桐与患丛枝病的泡桐叶片内超氧化物歧化酶的活性随生长季节的变化一致，但在各个时期都低于健康苗。此外，酚类含量、无机离子含量及维生素也发生了显著的变化（翟晓巧等，2000；丁维新等，1994；巨关升等，1996 ）。近年来，随着科学技术的发展，科技工作者采用抗生素或甲基剂处理患病泡桐，发现合适浓度的抗生素可以使其恢复为形态正常的健康苗（黎明等，2008；范国强等，2007b），通过对甲基剂处理患病泡桐的 DNA 序列进行 MSAP 及 AFLP 分析发现，植原体感染不能改变泡桐的 DNA 序列，但是能改变 DNA 的甲基化水平和模式（曹喜兵等，2010，2012）。另外，利用现代生物技术研究者还分析了发病后泡桐转录组、miRNA 和蛋白质组的变化（Liu et al.，2013；Mou et al.，2013；Fan et al.，2014；Fan et al.，2015a，2015b，2015c；Fan et al.，2016；Niu et al.，2016；Fan et al.，2017；Cao et al.，2017），筛选出了一些丛枝病发生前后差异的基因、miRNA 和蛋白质。

例如,Mou 等(2013)通过转录组分析发现泡桐在受到植原体感染后,与光合作用相关的基因表达量下调,与细胞壁有关的基因表达量上调;Liu 等(2013)利用转录组技术找到了参与病原菌与寄主互作途径中的一些关键基因;Fan 等(2014)对白花泡桐的丛枝病苗进行了转录组研究,找到了一些参与丛枝病症状发生和节律调节途径相关的基因。Niu 等(2015)在白花泡桐中找到了响应丛枝病植原体胁迫的 miRNA,如 miR159-3p、miR359-3p和 miR172。Cao 等(2017)利用蛋白质组学技术对毛泡桐丛枝病苗进行分析,找到了参与光合作用、能量代谢和丛枝相关的蛋白质。但由于这些基因、miRNA 和蛋白质,一方面数量较大,另一方面三者关联的程度较小,很难找出与泡桐丛枝病发生特异相关的基因,影响了泡桐丛枝病发生分子机制的阐明。

植原体感染泡桐是个复杂的互作过程,该过程既包含植原体为逃避泡桐的防御反应而进行的适应机制,又有泡桐为清除植原体而激发的一系列防御机制。随着高通量测序技术的不断发展应用以及模式植物全基因组测序的完成,转录组学技术被广泛应用到植物植原体病害的研究中,如,Liu 等分析了花生丛枝病植原体感染长春花后花变叶过程中的基因表达,鉴定到了一些与防御相关的基因(Liu et al.,2014)。Ahmad 发现番茄在植原体感染后水杨酸和茉莉酸甲酯等防御途径被激活了(Ahmad et al.,2014)。Chen 等(2014)利用比较基因组学研究了小麦蓝矮病发生与植原体之间的代谢关系,为深入了解小麦 - 植原体互作提供了理论依据。然而,由于丛枝病植物植原体本身的复杂性和目前技术手段的限制,导致在植物 - 植原体相互作用的研究相对较少,研究并没有取得人们预期的成果。

第二节　转录组学研究

转录组(Transcriptome)的定义包括广义和狭义两个方面。广义指某一条件下,细胞内所有转录本的集合,包括非编码 RNA(nc mRNA)、转运 RNA(tRNA)、核糖体 RNA(rRNA)和信使 RNA(mRNA);狭义指全部 mRNA 的集合(Costa et al.,2010)。利用转录组具有空间和时间的特异性,研究转录本在特定条件下和组织中转录本的表达水平、转录本类型和功能,从整体水平反映生物体基因的表达情况,找出特定调控基因的作用机制及分子机制(薛建江等,2007;祁云霞等,2011)。

随着人类基因组测序的完成,有关基因组的研究进入了全新的发展时期——后基因组时代。后基因组时代又称功能基因组时代,主要是指在获取基因序列信息的基础上,研究这些基因所代表的生物学功能及意义。伴随着各项研究的不断深入和测序数据量的不断增加,传统的 Sanger 测序技术已不能满足现代的研究需求,以 Solexa/Hiseq、454 和 SLOID 为主要代表的第二代测序技术(Next-generation sequencing technology)应运而生。第二代测序技术具有通量高、测序速度快、准确性高及测序成本低等优点,并且能够很好地解决基因组领研究中所遗留的多数难题。但是,第二代测序技术的读长较短(35 ~ 500 bp)(Wilheml et al.,2009),它无法直接描述从 5' 到 3' 的完整 RNA 信息并且丢失大量可变剪接等信息,在复杂基因组测序中表现出比较明显的劣势。

在 illumina 测序产生数据仍然是科研工作者所高度关注的研究数据时,三代测序技术已开始崭露头角。2009年初,Eid 等(2009)提出了单分子实时 DNA 测序技术,并引起了生物信息领域研究者们的高度重视。单分子实时 DNA 测序技术(Single Molecule Real Time (SMRT) DNA Sequencing)又称第三代测序技术,该测序技术是基于纳米孔的单分子读取技术,主要通过记录单个 DNA 样品在 DNA 聚合酶的作用下催化合成 DNA,并获得其碱基序列信息。自提出至今,第三代测序技术已成功应用于动植物基因组和转录组学研究中。

一、单分子实时 DNA 测序技术

单分子实时 DNA 测序技术是基于"边测序,边合成"的原理设计的,目前美国 Pacific Bioscience 公司的 SMRT 测序技术平台应用最为广泛,该技术不需要扩增即可快速读取单个样品的 DNA 序列。SMRT 测序平台的每个芯片包含了 150 000 个零级波导(Zero-Mode Waveguide,ZMW),在测序时,DNA 聚合酶复合体被锚定在 ZMW 内,当被荧光标记磷酸基团的寡核苷酸在聚合酶活性位点上与模板链结合时能够激发出荧光,而这些荧光信号可被位于 ZMW 底部的检测器迅速地捕获并转化为相应的碱基类型。最后 DNA 聚合酶将带荧光标记的磷酸基团剪切掉,同时聚合酶转移到下一个位置,DNA 链由此得以延伸并开始下一个循环(见图 1-1)。

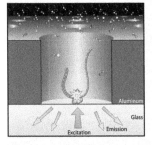 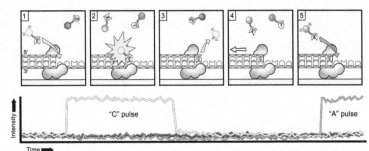

图 1-1　SMRT 测序技术原理

相对于第二代测序技术,第三代测序技术具有多方面的优势。首先,SMRT 测序技术具有超长的序列读取,目前用于建库的 P6/C4 试剂可以获得高达 12 000 bp 的平均读长,读长最长的 reads 可达 40 kb,这大大提高了获得完整基因组和全长转录组的能力(任毅鹏等,2016)。其次,DNA 模板不需要扩增,测序的结果不受 GC 含量偏好性区域的影响;最后,第三代测序技术还可以直接检测 DNA 修饰,在 DNA 合成的过程中,若模板 DNA 链存在有碱基修饰情况,那么在 DNA 聚合时所用的时间则与没有修饰的碱基之间有较大差别,并且不同的修饰类型之间也存在差异,这对 DNA 甲基化修饰检测有重要意义。目前,应用 SMRT 测序技术可以检测到的 DNA 修饰类型主要包括 5 - 甲基胞嘧啶(5 - methyl cytosine)、N6 - 甲基腺嘌呤(N6 - methyl adenine)、5 - 羟甲基胞嘧啶(5 - hydroxy methyl cytosine)等及多种 DNA 损伤。但是,由于 SMRT 测序技术不存在 DNA 聚合反应的终止停顿,且每个碱基的合成速度相对较快,使其测序过程中容易产生随机错误。SMRT 测序技术获得数据的原始错误率约为 15%,其最主要的错误类型为单碱基的插入(Insertion)

或缺失(Deletion),但这种错误是随机产生的,并无偏好性,可通过环状一致测序(Circular Consensus Sequencing, CCS)、高质量测序数据校正低质量的 SMRT 测序数据或者 Cluster 等方法得以解决。其中,高质量测序数据校正低质量的 SMRT 测序数据的方法应用较多,它主要是通过构建 10～20 kb 的文库,利用在其他测序平台上获得的高质量数据以校正 SMRT 的随机错误,但却避免不了插入或者缺失错误(Au et al., 2012;Sergey et al., 2012)。SMRT 测序技术已广泛用于基因组、转录组及表观遗传等研究领域。

Oxford Nanopore 公司 2012 年研发的 MinION 纳米孔测序仪是另外一个备受科研工作者关注的单分子测序仪,该测序技术可以把单个 DNA 样品从头到尾完整测完,但测序错误率高,准确率为 70%～85%,目前仍在试用阶段,但 MinION 的出现将使基因测序进入一个全新的时代。

二、SMRT 测序技术在转录组中的应用

转录组研究是功能基因组研究的一项重要内容,其目的是获得细胞在某一功能状态下所有 DNA 转录后的完整转录本结构和表达情况,它可以从整体上研究基因表达与调控,以揭示特定基因的调控机制(Lander et al.,2007)。目前,以 Illumina 测序技术为主要代表的转录组测序已广泛应用于生命科学研究领域中,基于二代测序技术的短序列读长无法鉴别全长基因亚型,de nonvo 组装难以准确重构转录本及 PCR 反应时易引起扩增偏好等问题,使其在复杂基因组测序中表现出明显的劣势。而 PacBio 公司的 SMRT 测序读长较长,能完整覆盖转录本,在全长转录本测序方面有突出的优势。目前,SMRT 测序技术已在动植物转录组得到研究,如 Lu 等(2014)利用 Iso-Seq 技术对人的血细胞进行了转录组研究,分析并鉴定出了与血细胞成分形成相关的可变剪接事件。Sharon 等对 20 个人的器官和组织样品进行测序,产生出 476 000 CCS 读长,并鉴定到 14 000 个转录本基因亚型,其中超过 10% 的转录本之前并未被注释(Sharon et al.,2013)。为充分发挥 SMRT 测序的优势,Au 等开发了 IDP(Isoform Detection and Prediction) 全长转录组分析软件,它是一套基于联合测序的分析软件,主要是利用二代测序产生的高质量短读长校正三代产生的低质量长读长(Au et al., 2010,2013)。以药用模式植物丹参为研究对象,基于联合测序技术的全长转录组测序成功检测到高质量杂合全长转录本 636 805 条,结合丹参基因组信息、二代测序 reads、杂合转录本以及可变剪接等信息,检测到 4 035 个基因异构体,鉴定到丹参酮合成途径中的相关基因全长转录本 20 个,其中有 6 个发生了可变剪接事件(Xu et al., 2015)。以魁蚶淋巴为材料,利用联合测序技术构建转录组文库,采用 SMRT-Analysis Pipeline 对所得数据进行序列分析,获得 85 127 条 reads,其中有 46 265 条为全长转录本,平均读长 51 903 bp(王清晨,2016)。Minoche 等(2015)利用 SMRT 技术对甜菜进行转录组测序,得到了 395 038 条 cDNA 序列。Dong 等利用 SMRT 技术对小麦进行全转录组分析,获得 197 709 条全长非嵌合转录本,并检测到 3 206 个之前未被注释到的基因(Dong et al., 2015)。Wang 等利用单分子测序技术从玉米的 6 种不同组织共产生 111 151 个转录本,覆盖基因组 RefGen_v3 基因注释的 70%,其中有 57% 转录本是新发现。除此之外,鉴定了大量新的 LncRNAs 和融合基因转录本,同时发现 DNA 甲基化在产生不同异构体方面发挥重要作用(Wang et al., 2016)。

三、转录组测序技术的发展历程

随着生命科学的深入发展,转录组测序也经历了三次重要的技术更新过程:自 1977 年 Sanger 发现了 DNA 双脱氧核苷酸末端终止的测序法,开启了测序技术的开始,其中第一代测序以 Sanger 和 PCR 作为基础的测序分析,测定方法有 SAGE(Serial Analysis of Gene Expression)、MPSS(Massively Parallel Signature Sequensing)、EST(Expressed Sequence tag)文库的测序分析和 complementary DNA(cDNA)文库。但该测序方法存在三个缺点:测序所需时间长、通量低和成本高,难以实现大规模批量应用(解增言等,2010);第二代测序技术是从 2005 年以来兴起的一门以 Solexa、454 和 SOLiD 技术为代表的高通量测序技术(RNA – seq),该技术具有样品制备简单、灵敏度高、分辨率高、通量高、读长短、不受样品限制和费用较低等优点,并且可以快速实现转录组的大批量检测(王曦等,2010),其中,RNA – seq 测序被应用得最为广泛;第三代测序是近几年兴起的测序技术,发展较快,以单分子 DNA 实时测序技术为代表,它可以提供长达 20 kb 的长序列,可以有效地用于识别基因的选择性剪接,但具有无法定量和相对费用较高的缺点(杨悦等,2015),如果计算表达量,必须通过第二代测序技术和第三代测序技术相结合。所以,目前,RNA – seq 是最常见的转录组测序方法。

该技术基本步骤如下:提取特定组织的 mRNA,构建 cDNA 文库,统计 reads 数,然后计算 mRNA 的表达量和通过不同样品的比较发现关键转录本。其中,计算 mRNA 的表达量可以分为两种情况;首先没有基因组信息的情况,可根据 de novo 转录本的测序和组装,构建 Unigenes 数据库,依据该数据库来得出各个转录本的表达量;其次是有基因组数据库的情况,直接将样品转录组测序的结果比对到基因组上,得出各个转录组的表达量。基于该技术具有检测低丰度转录本、深度挖掘未知转录本、全基因组表达的图谱绘制、可变剪切的调控、代谢途径关联、基因家族鉴定和进化分析等方面的优势,目前已在黑松(Pinus thunbergii Parl.)(Parchman et al.,2010)、橡胶树(Hevea brasiliensis)(Xia et al.,2011)、茶树(Camellia sinensis)(Liu et al.,2016)、枣树(Ziziphus jujuba Mill.)(Xue et al.,2018)等植物中应用。

四、转录组测序在植物中的应用

RNA – seq 在发现差异基因、新基因和基因功能的预测等方面是一种较好的方法。近年来,随着测序费用的进一步降低,转录组在植物中的运用越来越普及,并在一些相关领域取得了显著的成果,主要体现在如下几个方面。

(一)转录组测序在环境胁迫中的应用

在非生物抗逆方面,Li 等(2014)选取枣树(Ziziphus jujuba Mill.)果实发育早期和晚期样品,并对其进行转录组测序,共产生 1 124 197 个 reads,然后从头组装生成 97 479 个 unigenes,其中差异表达基因数为 1 764 个,主要参与的途径是红枣抗坏血酸生物合成。Peng 等(2016)使用 Illumina 测序方法对金丝楸三个阶段进行转录组分析,获得了 62 955 个 unigenes,其中 31 646 个(50.26%)进行了注释。共鉴定了 11 100 个差异表达基因,在不定根形成过程中,参与糖酵解的差异基因数量减少,而参与苯丙基生物合成的差异基因数量增加。Wang 等(2014)采用 RNA - seq 比较桑树(*Morus* L.)正常和干旱胁迫条件下的基因表达,共获得 1 051 个基因的表达存在显著差异,根据 GO 注释和 KEGG 确定了 10 110个 GO 和 247 个通路。Liu 等(2016)在正常和三个阶段干旱胁迫条件下,利用 RNA 测序分析,共获得 37 808 亿个高质量的剪接片段,组装成 59 674 个 unigenes,3 个阶段中有 5 955 个差异表达基因(DEGs),在干旱条件下,淀粉合成相关基因下调,淀粉分解相关基因上调。干旱可上调甘露醇、海藻糖和蔗糖合成相关基因的表达。Liu 等(2017)通过转录组、miRNA 和降解组的分析,揭示 14-3-3 蛋白、丝氨酸/苏氨酸激酶、多酚氧化酶以及选择性剪接与干旱胁迫直接或间接相关资源。

在植物 - 病原相互作用方面,Lee 等(2018)通过转录组测序对松类植物的转录组进行重新组装和分析,以确定与松树枯萎病感染相关的转录反应。发现在 71 003 个组装的 unigenes 中,有 586 个在松树枯萎病感染后有差异表达。其中,20 个 DEGs 与茉莉酸反应有关,包括转录因子 MYB15,MYB15 参与木质素合成的肉桂酸生物合成过程中的基因表达发生了改变,MYB15 可能通过调节木质素的生物合成来调节松树枯萎病的抗性(Lee et al., 2018)。Kebede 等(2018)通过利用 RNA - seq 提取的两个玉米自交系真菌和模拟赤霉素穗腐病接种的发育核组织的转录组谱,鉴定不同表达的转录本,并在 GER 抗性定量性状位点内提出候选基因定位。最后鉴定出几种玉米染色体上抗赤霉素穗腐病的候选基因,这可能有助于更好地理解镰孢菌的抗性机制(Kebede et al., 2018)。Irani 等(2018)采用 RNA - seq 法对油菜的茎和根组织分别在 17 d、20 d 和 24 d 接种疫原虫时进行了转录组分析。结果表明拟南芥模型感染拟南芥后地上和地下组织转录应答的异同。对芽中 DEGs 的概述强调了病原菌建立和疾病进展后地上组织的生理变化,如诱导 JA 生物合成、ABA 反应和莽草酸途径代谢物的产生。并可能在棒状体分子标记的研究中得到应用(Irani et al., 2018)。Dong 等(2018)采用高通量测序技术研究了泡桐丛枝病的整个转录组表达谱,共检测到泡桐健康苗、泡桐病苗和甲基甲磺酸处理泡桐病苗的差异表达基因 74 个。鉴定并分析了与调节植物生长的植物激素作用和选择性剪接事件相关的基因,为研究泡桐响应植物原体感染的分子机制奠定了基础。

(二)转录组测序在植物育种中的应用

Tian 等(2019)利用 RNA 测序技术对垂柳和簸箕柳的转录组进行测序,分别获得 280 074条和 267 030 条 reads、40 271 个和 55 083 个 unigenes,两个物种共鉴定出 1 479 个差异表达基因。从表达序列组装中得到了一套 1 083 个 SSR 标记(424 个为垂柳、659 个为簸箕柳)。该转录组分析为功能基因组研究提供了新的资源,可用于提高红柳种属的遗传育种效率。近年来,已有报道显示转录组已经和代谢组、MicroRNA (miRNA)、降解组、蛋白组等多组学相结合来揭示植物的生长发育,例如 Dhandapani 等(2017)通过从转录组和代谢组综合分析,从完全开放的木兰花中提取挥发性化合物 43 种,其中萜类化合物占 46.9%、挥发性酯类化合物占 38.9%、苯丙类化合物占 5.2%。杨仕美等(2019)基于火龙果转录组测序序列开发了一批具有高度多态性潜力的 SSR 引物,该引物可有效地将 38 份火龙果种质区分开来。随后又基于该结果开发了 EST - SSR 标记,为后续火龙果种质鉴定、亲缘关系分析及遗传图谱构建等提供了更丰富的标记来源。涂美艳等(2019)基于转录组测序研究了红肉猕猴桃中果皮和内果皮在果实发育不同时期的色泽变化,鉴定到 13 个花青素合成相关基因差异表达,该结果对猕猴桃果实成色差异机制有了新的认识,并对今后的彩色猕猴桃选育种工作提供了一定的理论依据。

第三节　代谢组研究

一、代谢组概述

代谢物(Metabolites)是指参与生物有机体内代谢调控的小分子化合物。代谢产物与生物有机体的生理状态密切相关,决定着生物有机体细胞或组织的生化表型,是构成生物有机体内源物质代谢的基础。代谢物作为基因表达调控过程的最终产物,在一定程度上其含量或种类的变化是生物有机体响应外界环境变化的直接结果。生物体内代谢物种类较多,相互之间的关联比较复杂,为全面了解生物体的代谢物的信息,1997 年 Nicholson 等在代谢物谱分析(Metabolite Profiling)的基础上提出了代谢组学(Metabolomics)的概念。

代谢组学主要是对生物体某一细胞或组织在某一特定时期或过程中所有小分子质量(相对分子质量小于 1 000)的代谢产物进行定性和定量分析,它是继基因组学(Genomics)、转录组学(Transcriptomics)和蛋白质组学(Proteomics)之后系统生物学的另一分支。代谢组自提出至今发展迅速,已广泛应用于药物设计、生物标志物的发现、疾病的早期诊断和预测、功能基因组测定、药物毒性评价、代谢工程研究等领域。

二、代谢组学研究方法

代谢物分离、检测和鉴定是代谢组学分析技术的核心部分,代谢物的分离纯化技术通常采用各种色谱分离方法,包括气相色谱(Gas Chromatography,GC)、液相色谱(Liquid Chromatography,LC)、毛细管电泳(Capillary Electrophoresis,CE)和薄层层析(Thin Layer Chromatography,TLC)等,而检测和鉴定技术目前主要是质谱(Mass Spectrometry,MS)、核磁共振(Nuclear Magnetic Resonance,NMR)和傅里叶变换红外光谱(Fourier Transform – Infrared Spectrometer,FT – IR)等手段。色谱和质谱的有效结合可在一定程度上实现植物代谢组学分析的需求。代谢组学是对生物体内所有代谢物的定性定量分析,不同的生物体在不同的时间,不同组织内代谢物的种类和积累量不同,而目前还没有任何一种分析检测手段可以分析检测到所有的代谢物。因此,要实现对有机体所有代谢物的定性定量分析,需要根据被分析有机体的性质及研究的目的来选择不同的分析技术平台。

NMR(Nuclear Magnetic Resonance)是一种最常见的无偏向性、不破坏样品的分析技术,可用于检测酚酸(Phenolic acids)、核苷酸(Nucleotides)、氨基酸(Amino acids)、短链脂肪酸(Fatty acids)、糖类(Sugars)等小分子代谢物。NMR 分析技术的样品前处理相对简单,测试方法较多,并且对所有化合物的检测灵敏度都相同,同时还能够提供化合物的结构信息。相比其他分析技术,NMR 分析技术的分辨率较高,适合研究生物液体样本或组织提取物的代谢物图谱。但是 NMR 分析方法有很多局限性,如检测灵敏度低,使得其不适合于检测低丰度的代谢物,且不能检测化合物的动态变化。同时,不能很好地检测到同一样品中含量差异很大的化合物(朱航等,2006)。目前,该分析技术多用作单个病人的诊断。

GC - MS(Gas Chromatography - Mass Spectrometry)是代谢组学分析中应用最早并且最成熟的色谱 - 质谱联用分析技术。相对于同时期的 NMR 分析技术,GC - MS 分析技术对样品的要求较高,预处理程序要相对复杂,但能稳定地检测到上百个代谢物。它拥有大量的标准数据库可供比对参考(NIST 数据库),且有高的分离效率和检测灵敏度,这对代谢物定性分析十分有利,尤其是初生代谢物的分离检测。GC - MS 技术早期主要用于植物代谢组学研究,但是 GC - MS 分析也存在一些问题,它适用于分离检测易挥发、极性低、沸点低的代谢物,如氨基酸、糖类、脂肪酸和醇类等代谢物,而分离物中大量难挥发的物质信息却未被检测到。

LC - MS(Liquid Chromatography - Mass Spectrometry)技术是目前代谢组分析技术中运用最广泛且最为高效的分离鉴定技术。该分析技术采用液相色谱作为分离手段以增加代谢物的分离度,与质谱技术联用可准确地得到化合物的结构信息,以此来评价生物样品中的内源与外源代谢物。色谱 - 质谱联用分析技术的生物样品预处理过程相对简单,样品不需要衍生化处理,并能得到代谢物的 m/z 值、保留时间及相对丰度等信息。因此,LC - MS 技术适用于分离和检测生物样品中高沸点、热稳定性差、不易衍生化、不挥发、相对分子量较大或极性和非极性的代谢物(漆小泉,2011)。例如,Iijima 等(2008)利用 LC - MS方法在番茄中分离检测到了 869 种代谢物,其中有 375 种是已知的化合物。由于不同的化合物有不同的电离强度,而 LC - MS 分析手段的液质为软电力,因此化合物结构分析是 LC - MS 分析技术中一直存在的一个难点问题。

UPLC - MS/MS (Ultra Performanceliquid Chromatography - Mass Spectrometr/Mass Spectrometr)分析方法是近年来代谢组学分析的强有力工具,使代谢组学分析技术的发展锦上添花。该技术使用的色谱柱粒径 < 2.0 μm,克服了传统的 LC 分析的压力限制,且 UPLC 具有分离快、分辨率和灵敏度高等优势(Matsuda et al.,2009),从而缩短了代谢物分析的时间,而与高分辨率的 ESI - QRAP - MS 联用能够精确地测定化合物的质荷比(m/z),有利于未知化合物的定性分析。吴新华等(2009)利用 UPLC - MS/MS 分析方法对烟草进行代谢物分析,分离鉴定了 5 种糖苷香味前提物质;UPLC - MS/MS 分析方法中三重四级杆质谱的多反应监测模式能够使代谢物定量更为精确,重复性更好。申峰云等通过利用 UPLC - MS/MS 方法定量了大承气汤大鼠血浆中 9 种活性成分的含量(申峰云等,2014)。UPLC - MS/MS 分析技术无疑将会是代谢组学分析的一个最有力工具。

据不完全统计,地球上存在的已知植物 30 余万种,而它们所产生的所有代谢物种类加起来有 20 万～100 万种(Dixon and Strack,2002;Saito and Matsuda,2010),这些代谢物在结构上有很大差异,所以根据研究所需来整合这些分析技术已经成为代谢组学分析的一个重要趋势。

三、代谢组学在植物中的研究现状

代谢组学自提出以来获得了长足的发展,并取得了一些重要结果,现已广泛应用于人类疾病研究和诊断。植物代谢组学是系统生物学的重要组成部分,在揭示植物生命活动规律方面发挥着重要的作用。研究表明,植物体内的代谢物种类已超过 20 万种,这些代谢物既有维持正常生长发育所必需的初生代谢物,又包含抵抗逆境胁迫的次生代谢物。外界环境变化时,基因表达水平或蛋白丰度可能仅发生微小的变化,但是在代谢物水平上却能得到放大。因此,当外界环境发生变化时,利用代谢组学技术分析植物体内代谢物的变化就显得尤为重要(Dixon et al., 2003)。

相对动物代谢组学研究来说,植物代谢组学研究起步较晚,但自提出以来就受到了科研工作者的广泛关注,并取得了一些不错的进展。目前,有关植物代谢组学的研究主要集中在四个方面:

(1)以植物的特定器官或组织为研究对象,分析植物在不同环境条件下或相同环境下某一生长发育阶段的代谢物进行定性或定量分析,以此研究特定代谢物所参与的代谢途径或代谢网络,常用的方法为代谢物指纹图谱分析(Metabolic Finger Printing)。如Fiehn(2003)利用 GC - MS 技术对笋瓜的韧皮部汁液和叶片进行了代谢组分析,找到了笋瓜不同部位的代谢物种类差异。

(2)对不同基因型的某一植物进行代谢组学表型研究,主要分析在相同条件下植物体内代谢物含量或种类的变化,以此筛选出优良品种。Fumagalli 等(2009)以两种水稻"Arborio"和"Nrpponbar"为试验材料,分别研究了逆境胁迫条件下两种水稻的代谢组学变化,结果表明两种基因型的水稻在响应逆境胁迫时糖类和氨基酸的含量明显增加。

(3)对不同生存环境下的某一植物进行代谢组学研究,以分析不同环境对植物代谢物种类和数量的影响。Alvarez 等(2008)对干旱胁迫条件下玉米木质部汁液代谢物进行代谢组学研究,鉴定到 31 个差异表达的代谢物,主要涉及脱落酸、细胞分裂素及苯丙素类物质等。苯丙素类物质的积累能导致植物木质素合成的减少,从而影响植物叶片和茎的伸长。

(4)植物胁迫的应激机制,利用转录组学与代谢组学技术所获得的 mRNA 和代谢产物的信息联系起来,从整体上剖析植物响应胁迫前后的代谢产物表达差异变化,以发现植物应激代谢的响应机制。Yamazak 等 (2003)利用 HPLC/PDA/ESI - MS 技术分别对绿色和红色紫苏叶片和茎段中与花青素合成相关基因的定量分析,并结合 RNA 水平上的差异表达基因,最终找到了调控紫苏成色的基因。

当植物受到病原菌侵染时,植物体内会产生一系列复杂的自身免疫应答反应来抵御病原入侵,而代谢物在这种自身免疫反应中发挥着重要的作用。植物识别病原微生物表面的病原相关分子模式后,植物细胞会产生大量能量和低分子质量的次生代谢物质来抵抗病原菌的入侵,如酚类物质、萜类物质及木质素和胼胝质等。代谢组学可以通过对特定条件下植物体内的代谢物进行定性定量分析,从而得到与某一特定生理病理相关的代谢物的变化。近年来,植物代谢组学已广泛应用于植物 - 病原相互作用研究中,为植物抗病性研究提供了新的思路。Hamzehzarghani 等(2005)和 Swarbrick 等(2006)利用代谢组学手段对不同麦类作物进行了抗病和感病品种的代谢物谱图分析,找到了一些与抗病相关的特异代谢物。Hofmann 等(2010)通过研究线虫在拟南芥后的代谢物谱图,发现了蔗果三糖(1 - Kestose)、棉子糖(Raffinose)和 α - 海藻糖等差异表达显著,说明这些物质是响应线虫感染的关键物质。Nusaibah 等(2016)研究发现了参与油棕响应疾病感染的早期防御机制的关键代谢物。Jung 等(2016)通过对感染土壤杆菌的葡萄进行代谢图谱分析找到了与几个参与防御反应的代谢物。这些结果证明代谢组学可能是研究植物病原相互作用的有效手段。

代谢物是基因表达的终产物,在一定程度上代谢物种类和数量的表达变化比基因或蛋白质更能体现植物对外界环境变化的响应。因此,定性定量分析代谢物变化有助于阐明植物响应植原体感染的复杂调控网络。目前,有关植原体侵染植物的代谢组学仅在少数物种中有研究,例如,Margaria 等(2014)研究了植原体感染葡萄前后酚类物质含量的代谢变化,结合转录组数据差异表达信息找到几个调控叶片颜色的基因。Gai 等(2014)利用 GC－MS 方法研究了植原体感染桑树的代谢物变化,找到了几种可能与桑树黄矮病症状相关的代谢物。但是,植原体感染后植物体内的代谢物调控机制仍不清楚。由于植原体侵染后植物的表型会发生一系列变化,而次生代谢物可能在植物表型变化和抵抗病原中起到重要作用,所以次生代谢物数量和含量的变化可能与响应植原体感染有一定的关系。然而,有关此方面的研究至今未有报道。

第四节　DNA 甲基化

一、DNA 甲基化概述

DNA 甲基化(DNA Methylation)是 DNA 表观修饰的一种形式,其能够在不改变 DNA 序列的前提下,改变遗传表现形式。广义上的 DNA 甲基化是指 DNA 序列上特定的碱基在 DNA 甲基转移酶(DNA Methyltransferase,DNMT)的催化作用下,以 S－腺苷甲硫氨酸(S－Adenosyl Methionine,SAM)作为甲基供体,通过共价键结合的方式获得 1 个甲基基团的化学修饰过程。这种 DNA 甲基化修饰可以发生在胞嘧啶的 C－5 位、腺嘌呤的 N－6 位及鸟嘌呤的 N-7 位等位点。一般研究中所涉及的 DNA 甲基化主要是指发生在 CpG 二核苷酸中胞嘧啶上第 5 位碳原子的甲基化过程,其产物称为 5－甲基胞嘧啶(5－mC),是植物、动物等真核生物 DNA 甲基化的主要形式(Li et al. , 2019)。大量研究表明,DNA 甲基化能引起染色质结构、DNA 构象、DNA 稳定性及 DNA 与蛋白质相互作用方式的改变,从而控制基因表达(Li et al. ,1993;Bartels et al. , 2018)。

二、DNA 甲基化检测技术的方法

DNA 甲基化的检测方法主要有效液相色谱法(High Performance Liquid Chromatography,HPLC)、甲基化敏感扩增多态法(Methylmion Sensitive Amplification Polymorphism,MSAP)、甲基化敏感性高分辨率溶解曲线分析(High Resolution Melt,HRM)、重亚硫酸盐测序法(Bisulfite Genomic Sequence,BSP)、全基因组甲基化测序(Whole Genome Bisulfite Sequencing,WGBS)、甲 基 化 DNA 免 疫 共 沉 淀 测 序(Methylated DNA Immuno Precipitation Sequencing,MeDIP－Seq)、简 化 甲 基 化 测 序(Reduced Representation Bisulfite Sequencing,RRBS)、基因芯片检测技术(MicroArray)、质谱检测(MassArray)等 41 种方法(代微,2018)。

（一）重亚硫酸盐测序法（BSP）

该技术是一种灵敏的能直接检测分析基因组 DNA 甲基化模式的方法,该技术的原理是采用重亚硫酸盐处理后,针对改变后的 DNA 序列设计特异性引物并进行聚合酶链式反应（PCR）。PCR 产物中原先非甲基化的胞嘧 C 位点被尿腺嘧 U 所替代,而甲基化的胞嘧 C 位点保持不变。PCR 产物克隆后进行测序。通过这个方法能得到特定位点在各个基因组 DNA 分子中的甲基化状态。该技术的优点是特异性高,它能够提供特异性很高的分析结果,这是所有其他研究甲基化的分析方法所不能比拟的;其次,灵敏度高,可以用于分析少于 100 个细胞的检测样品,且引物设计以 CpG 岛两侧不含 CpG 点的一段序列为引物配对区,能够同时扩增出甲基化和非甲基化靶序列;最后,该技术可以用微量的基因组 DNA 进行分析就能得到各个 DNA 分子精确的甲基化位点分布图。该技术的不足是耗费时间和耗资过多,至少要测序 10 个以上的克隆才能获得可靠数据,需要大量的克隆及质粒提取测序,过程较为烦琐、昂贵。在甲基化变异细胞占少数的混杂的样品中,由于所用链特异性 PCR 不是特异扩增变异靶序列,故灵敏度不太高。

（二）简化甲基化测序法（RRBS）

该技术是一种用于基因组单核苷酸级别的甲基化水平分析的高效的高通量测序技术。这项技术结合了限制性内切酶和亚硫酸氢盐测序,是简化的、具有代表性的重亚硫酸盐处理后的 DNA 测序,通过 MspI 酶切基因组,将富集片段进行 Bisulfite 处理后建库测序,是一种非全基因组测序方法（Chatterjee et al. ,2013）,从而得到高 CpG 区域的富集信息。相比较全基因组甲基化测序技术,RRBS 仅需要对基因组约 1% 的区域进行测序（Meissner et al. , 2005；Wang et al. , 2013）。该方法的优点是降低了基因组数据量和检测费用,使得特定区域的测序深度增加,缺点是不能获得完整的全基因组甲基化信息。

（三）全基因组甲基化测序法 WGBS

WGBS 是基于第二代测序技术发展起来的甲基化检测技术,其原理是先将基因组 DNA 进行 Bisulfite 处理,然后进行建库测序（Cokus et al. , 2008）,全基因组范围且检测达到单碱基分辨率的一种绝对甲基化水平检测的方法。第二代测序技术初期由于高昂的测序费用,使得 MeDIP – Seq 和 RRBS 成为重要的甲基化富集检测技术。但随着第二代测序技术费用的大幅降低,这两种技术在研究中的使用已相对较少,而 WGBS 成为第二代测序技术中甲基化检测的重要技术。从价格和精确度方面,目前 WGBS 是 DNA 甲基化检测的金标准。

（四）甲基化 DNA 免疫共沉淀测序（MeDIP – Seq）

测序是基于抗体富集原理进行测序的全基因组甲基化检测技术,其原理是采用甲基化 DNA 免疫共沉淀技术,通过 5′ – 甲基胞嘧啶抗体特异性富集基因组上发生甲基化的 DNA 片段,然后通过高通量测序可以在全基因组水平上进行高精度的 CpG 密集的高甲基化区域研究（Marcucci et al. , 2014）。该方法的优点是精确度高,基因组位点定位精确性可达 ±50 bp;可靠性高,直接对甲基化片段进行测序和定量,无交叉反应和背景噪音;检测范围广,全基因组范围内甲基化区域研究,且不经过 Bisulfite 处理,大大降低数据处理的难度;高性价比,通过抗体富集高甲基化区域进行测序,有效降低测序费用,相较于WGBS,以较小的数据量获得较高的性价比。但由于无法确定富集下来的DNA片段中每个位点的C是否发生甲基化,也无法实现单碱基分辨率(分辨率为150 bp左右),只能通过富集peak来判断区域内是否存在甲基化,因此无法得到绝对的甲基化水平,适合于大样品量的表观研究,尤其是样本间的相对比较,如不同细胞、组织等样品间的DNA甲基化差异比较(Butcher et al.,2010)。

三、DNA甲基化在植物中的应用

DNA甲基化作为表观遗传学重要的机制,不仅仅作用于基因表达、维持基因组稳定、基因印记和杂种优势。近年来,随着表观遗传学研究的深入,DNA甲基化的研究取得了巨大的进步,尤其是在动物研究领域(Baylin et al.,1998;Ben et al.,2018;Saad et al.,2019),但在植物方面甲基化研究主要集中在如下3个方面。

(一)DNA甲基化与植物的生长发育

该方面的研究主要从表观层面解释DNA甲基化在植物中某些重要经济性状的形成、生殖发育等过程中的调控机制。如陆光远等(2005)在对油菜种子萌发过程中基因组DNA甲基化程度进行分析的过程中,发现油菜可能通过甲基化和去甲基化两种方式调控基因的表达,通过甲基化分析,并最终在油菜种子中找到决定植株生长发育和器官分化发育相关的基因序列。Lang等(2017)使番茄基因SlDML2的功能缺失,发现SlDML2对番茄果实的成熟至关重要,激活成熟诱导基因和抑制成熟抑制基因都需要活性DNA去甲基化。洪舟等(2009)在分析杉木的杂种优势时发现,外侧胞嘧啶半甲基化、内侧胞嘧啶甲基化位点变化与杉木树高、胸径和材积性状的杂种优势均呈显著负相关。钱敏杰(2017)采用DNA甲基化与miRNA和降解组测序相结合的方法发现,MYB10启动子区域的去甲基化与'早酥'梨红色芽变'早酥红'及'早酥红'红色条纹果皮的花青苷积累有关。Li等(2012)采用DNA甲基化与转录组测序相结合的方法分析栽培稻和野生稻基因组、DNA甲基组和转录组差异,发现基因转录终止区(TTRs)的甲基化在抑制基因表达方面比抑制启动甲基化作用更强一些,且鉴定了一些野生稻和栽培稻在甲基化水平上存在显著差异的基因。邓卉等(2019)发现AZA处理后可以破坏水稻基因组甲基化水平的正常状态,使水稻基因组甲基化水平下降、植株发育迟缓。Cl'ement及其合作伙伴在2013年揭示DNA甲基化在毛白杨顶端分生组织细胞开放染色质的基因中是广泛存在的,并且是可变的,与发育轨迹中的作用是一致的(Cl'ement et al.,2013)。Vining等(2012)在分析毛果杨DNA甲基化时发现不同的组织在甲基化方面有明显的差异,且在染色体上是非常明显的,与其他植物研究不同,基因体甲基化对转录的抑制作用大于启动子甲基化。在体外培养的葡萄植株中,观察到的甲基化变化中有40%发生逆转,可作为一种暂时的、可逆的应力适应机制,而60%DNA甲基化多样性保持不变,很可能与有丝分裂的表突变相对应(Bara'nek et al.2015)。Liu等(2018)采用甲基化组分析水稻籽粒糊粉层厚度的调控机制,发现了OsROS 1介导的DNA去甲基化抑制了水稻糊粉细胞层的数量,该结果为改善水稻的营养状况提供了一条途径。

(二)DNA甲基化与环境胁迫应答

近年来报道的文献主要是研究植物应答不同环境或者环境变化时DNA甲基化水平的变化及其应答环境的分子机制。如范建成等(2010)采用MSAP技术测定水稻(Oryza sativa L.)纯系品种'日本腈'和'松前'经萘染毒胁迫后,存在基于DNA甲基化水平和模式改变的表观遗传变异。杜驰等(2017)在寻找盐穗木抗盐机制时,对盐穗木(Halostachys caspica)DNA甲基化程度与HcRos1表达进行了研究,结果发现HcRos1表达量与DNA甲基化水平呈明显的负相关,盐胁迫的穗木能够提高HcRos1的表达水平,降低基因组DNA的甲基化程度,从而增强穗木的耐盐性。曾子入等(2018)研究了萝卜耐热材料WSS-1和不耐热材料WSD-14在高温胁迫前后DNA甲基化的变化情况,发现高温胁迫能使萝卜基因组DNA发生超甲基化和去甲基化两种现象,说明DNA甲基化变异是植物抵御高温胁迫而自身产生的保持基因组稳定的方式之一。Su等(2018)采用全基因组甲基化分析胡杨盐胁迫后,胡杨叶片上游2 kb、下游2 kb的甲基化胞嘧啶甲基化水平增加,而根系中甲基化胞嘧啶甲基化水平下降,转录起始位点上游100 bp的重甲基化抑制了基因表达,而下游2 kb内和基因体内的甲基化与基因表达呈正相关。Ci等(2015)对高温胁迫后的小叶杨进行了甲基化与MiRNA表达的关联分析,构建了一个基于DNA甲基化与miRNAs、miRNAs与目标基因之间相互作用的网络,以及目标基因的产物及其影响的代谢因素,包括H_2O_2、丙二醛、过氧化氢酶(CAT)和超氧化物歧化酶。该项研究结果表明,DNA甲基化可能调节miRNA基因的表达,从而影响靶基因的表达,靶基因可能通过miRNAs来实现基因沉默功能,维持细胞在非生物应激条件下的生存。Ma等(2018)采用甲基化分析了高温胁迫下棉花雄性不育的机制,发现基因组DNA甲基化的抑制导致花粉不育,但不影响花药壁的正常开裂。高温通过破坏DNA甲基化而干扰糖和活性氧的代谢,从而导致小孢子不育。Wang等(2011)在分析干旱引起的水稻DNA甲基化时发现干旱引起的水稻DNA甲基化变化表现出明显的发育水平和组织特异性。这些特性对水稻对干旱胁迫的响应和适应具有重要的作用,且水稻基因组的表观遗传变化可被认为是水稻适应干旱和其他环境胁迫的重要调控机制。DNA甲基化还能够介导植物对双生病毒的抗性,在印度绿豆黄花叶病毒侵染的抗病大豆以及新德里番茄曲叶病毒侵染的抗病番茄中,病毒基因间隔区的甲基化水平明显高于其所侵染的感病品种中病毒DNA的甲基化水平(杨秀玲等,2016)。在植物病害的研究中,付胜杰等(2008)比较了苗期接种叶锈菌生理品种THlTr前后基因组DNA胞嘧啶甲基化,发现甲基化水平发生了较大变化,但是叶锈菌可能没有诱导植物基因组DNA胞嘧啶位点的甲基化模式变化。

(三)DNA甲基化与植物分化衰老机制

植物方面主要研究不同年龄段的组织或者衰老程度不同的细胞的甲基化特征及阐释表观组学在衰老进程中的生物学功能及其分子机制。如郭广平等(2011)对不同生理年龄竹类生长发育过程中的DNA甲基化进行检测发现,基因组DNA甲基化水平随生理年龄的增加呈上升趋势。李海林等(2014)运用MSAP技术分析巴西橡胶树DNA甲基化位点,研究发现橡胶幼态与老态无性系的基因组间存在甲基化变化,并揭示了包括转录因子、蛋白激酶等在内的多种类型的 DNA 序列中均存在甲基化现象。熊肖等(2017)对大麦(*Hordeum vulgare* L.)的种子、根、茎、叶等 4 种组织在成熟过程中的 DNA 甲基化修饰进行了分析,结果表明在大麦种子成熟过程中,CCGG 位点半甲基化水平变化较大。石玉波等(2018)分析了百子莲营养芽、诱导芽、花序芽进行甲基化水平和模式,鉴定了其开花的表现性状的甲基化基因,该结果为百子莲植株的良种选育以及遗传演化等提供了新思路。Ma 等(2013)对毛白杨天然种群进行甲基化分析,揭示了毛白杨基因组甲基化具有组织特异性,木质部中的 5'-CCGG 甲基化水平高于叶片,且木质部基因组甲基化表现出很大的表观遗传变异,可以通过有丝分裂来固定和遗传,与遗传结构相比,表观遗传和遗传变异并不完全匹配。

第二章　泡桐丛枝病发生的转录组研究

转录组(Transcriptome)是指某一生物组织或细胞在特定功能状态下转录的所有 mRNA 的总和。转录组测序能在全基因组范围内快速地获得低丰度的基因及不同样品之间的差异表达基因,以揭示基因的调控机制。随着新一代测序技术的快速发展,以 Illumina HiSeq 为主要代表的转录组测序技术已成为研究已知转录本、发掘新转录本、鉴定转录本的表达量等重要信息的有力工具。基因亚型(Isoform)的准确注释有利于下游的表达定量及功能分析,但因目前第二代测序技术的读长较短,在一定程度上很难准确地得到或组装出完整的转录本、无法识别可变剪接异构体、超家族基因及等位基因的转录本,而第三代 SMRT 测序技术的转录组分析具有无须拼接即可获得全长转录本序列并能对转录本进行精确注释的独特优势。因此,采用联合测序技术能更精确、更全面、更深入地研究与泡桐丛枝病发病相关转录本信息及泡桐丛枝病的发病机制。

第一节　材料与方法

一、材料和处理

以河南农业大学林木生物技术实验室培育的白花泡桐(*Paulownia fortunei*)健康苗(PF)及其丛枝病苗(PFI)为材料,在温度(25 ± 2)℃、光照强度 130 μmol/(m² · s)、光照时间 16 h/d 生长 30 d。然后,取长势均匀、长度约 1.5 cm 的上述泡桐顶芽接种于盛有 50 mL 含 60 mg/L MMS 的 1/2 MS(Murashige-Skoog)培养基(100 mL 三角瓶)中进行甲基磺酸甲酯处理(MMS)(分别命名为 PF-60 和 PFI-60),同时将顶芽分别转入不含 MMS 试剂的 1/2 MS 培养基中培养,作为对照试验。每个三角瓶中培养 3 个外植体,每个样品培养 30 瓶,试验重复 3 次,培养方法和条件参照翟晓巧等 (2010) 方法。待在上述幼苗培养 30 d 后,分别剪取顶芽,用液氮冷冻后置于 - 80 ℃冰箱内,为 RNA 提取做准备。

二、试验方法

(一)泡桐 Total RNA 的提取及检测

取 - 80 ℃冷冻保存的白花泡桐不同样品(每个样品各 4 组),采用 TRLzol 试剂进行提取 Total RNA,具体操作步骤参照试剂盒使用说明(简述步骤如下):

(1)取培养 30 d 的白花泡桐组培苗叶片 150 mg 放入预冷的研钵中研磨至粉末状。

(2)将磨好的匀浆转到离心管中,并加 1 mL 已预冷(4 ℃)的 TRLzol 试剂,漩涡振荡 1 min 后将其混匀,室温放置 5 min。

（3）用 1.2 万 r/min 的离心机离心 5 min，弃沉淀。

（4）在离心管中加入 200 μL 氯仿后振荡混匀，室温静置 15 min，用预冷的超速离心机，在 4 ℃条件下，1.2 万 r/min 离心 15 min，使液体分相。

（5）将上层水相转移到新离心管，加入等量液体约 0.5 mL 的异丙醇，混合均匀，室温放置 5～10 min，用预冷（4 ℃）的超速离心机 1.2 万 r/min 离心 10 min。

（6）弃上清液后，向管中加入 1 mL 的 75% 乙醇，在 4 ℃下 0.8 万 r/min 离心 5 min。

（7）最后弃去上清液，真空干燥 5～10 min 或室温晾干，加入 30 μL RNA-free H_2O 后得到水溶解 RNA。

（8）将获得的 Total RNA 放于 -70 ℃冰箱保存备用。

（9）用 Agilent 2100 生物分析仪和 NanoDrop 2000 超微量分光光度计对 Total RNA 样品的完整性、提取的纯度和浓度进行检测。

（二）泡桐 Illumina Hiseq X-ten 文库构建及上机测序

PE101 测序文库构建参照 TruSeq RNA 试剂盒说明书。

（1）将 12 组（每个样品各 3 组）泡桐叶片组织的 Total RNA 分别用带 Oligo（dT）的磁珠分离并纯化出 mRNA。

（2）将纯化的 mRNA 随机打断，并以其为模板，在反转录酶及随机寡核苷酸引物条件下逆转录合成 cDNA 第一条链。

（3）用 RNase H 和 DNA 聚合酶 I 合成第二条 cDNA 链。

（4）用 QiaQuick PCR 试剂盒回收和 EB 试剂进行消化，在 cDNA 的 3′端加上一个核苷酸"A"并连接接头。利用 PCR 挑选含有接头的 DNA 片段后进行扩增；切胶回收 250～350 长度的片段构建 mRNA 文库并用 Agilent 2100 Bioanalyzer 和 ABI StepOnePlus Real-Time PCR System 进行检测合格后，进行 Illumina 测序。

（三）泡桐 PacBioRSII 文库构建及测序

1. PacBioRSII 全长 cDNA 合成

利用 SMARTer™ PCR cDNA Synthesis Kit 试剂盒合成泡桐全长 cDNA，具体操作步骤参照试剂盒使用说明书。

（1）分别取 MMS 处理前后的白花泡桐 mRNA（ployA）样品 100 ng 合成 cDNA 第一条链。

mRNA（100 ng）	3.5 μL
Nuclease-Free Water	X
12 μM 3′SMART CDS Primer IIA	1 μL
Total Volume	4.5 μL

（2）将配好的反应体系离心混匀，72 ℃反应 3 min，然后降温（0.1 ℃/s）至 42 ℃反应 2 min。

（3）室温条件下按照以下比例配制体积为 5.5 μL 的反应体系：

5 × First-Strand Buffer	2 μL
100 mM DTT	0.25 μL
10 mM dNTP	1 μL
12 μM SMARTer Ⅱ A Oligonucleotide	1 μL
RNase Inhibitor	0.25μL
SMARTScribe ReverseTranscriptase (100 U)	1 μL
Total Volume	5.5 μL

（4）将上述反应体系用吸管吹打混匀,离心,然后加入（2）中已经处理好的模板体系中,42 ℃孵育 90 min,70 ℃孵育 10 min。

（5）加入 40 μL Elution Buffer,为单链 cDNA 合成做准备。

（6）PCR 最佳循环数确定。利用高保真的 DNA 聚合酶 KAPA HiFi Enzyme 进行 PCR 扩增,PCR 最佳循环数按照以下反应体系及扩增条件进行筛选:

5 × KAPA HiFi Fidelity Buffer	10 μL
Diluted first-strand cDNA from step 4 above	10 μL
KAPA dNTP Mix (10 mM)	1.5 μL
5′ PCR Primer Ⅱ A (12 μM)	3.2 μL
Nuclease-free water	24.3 μL
KAPA HiFi Enzyme (1 U/μL)	1 μL
Total Volume	50 μL

按每个样品按照上述比例配制双链 cDNA PCR 扩增体系,涡旋混匀、离心。初始 PCR 扩增按照固定的 PCR 扩增条件进行:98 ℃ 2 min (1 个循环);98 ℃ 20 s,65 ℃ 15 s,72 ℃ 4 min(10 个循环);72 ℃ 5 min;取出 5 μL 转移至另一个新的 PCR 管中并标记为“10”。剩余的 45 μL 继续扩增:98 ℃ 20 s,65 ℃ 15 s,72 ℃ 4 min(2 个循环);72 ℃ 5 min;取出 5 μL 放入新的 PCR 管中并标记为“12”。依次重复,并分别标记为“14”“16”“18”。利用琼脂糖凝胶电泳对上述 PCR 产物进行电泳并观察其分布情况,以确定最终的 PCR 循环数。

（7）基于 BluePippin System 的大规模 PCR 片段筛选,按以下比例配制反应体系(8 × 50 μL):

KAPA HiFi Fidelity Buffer (5 ×)	80 μL
Diluted first-strand cDNA Synthesis	80 μL
KAPA dNTP Mix (10 mM)	12 μL
5′ PCR Primer Ⅱ A (12 μM)	25.6 μL
Nuclease-free water	194.4 μL
KAPA HiFi Enzyme (1 U/μL)	8 μL
Total Volume	400 μL

将上述 400 μL 反应体系充分混匀并平均分为 8 份,根据(6)中筛选到的最佳 PCR 循

环数对其进行扩增,反应条件为:95 ℃ 2 min (1 个循环);98 ℃ 20 s,65 ℃ 15 s,72 ℃ 4 min(上述筛选到的最佳循环数);72 ℃ 5 min;取出产物并将其混在一块儿,充分摇匀。将 1 μL 1 × 的 AMPure ® PB bead 加入 PCR 得到的产物中,充分混匀,室温下 2 000 r/min 离心 10 min,使 DNA 与 bead 充分结合,静置 1 s;70%乙醇冲洗 3 次,然后加入 40 μL Elution Buffer 进行洗脱;用 Qubit system 检测最终的 PCR 产物浓度;并用 BluePippin System 进行不同大小的 cDNA 片段筛选。

(8)对上述筛选到的片段(1~2 kb、2~3 kb、3~6 kb)进行回收,并参考表 2-1 所示参数进行 PCR 扩增。

表 2-1　片段回收参数

Size Desired	Extension Time	Number of Cycles
1~2 kb	1 min	8~12 cycles
2~3 kb	1 min 45 s	10~12 cycles
3~6 kb	3 min	12~15 cycles

PCR 反应条件为:95 ℃ 2 min (1 个循环);98 ℃ 20 s,65 ℃ 15 s,72 ℃ 4 min(参考表 2-1中的循环数);72 ℃ 5 min。扩增产物用 1X 的 AMPure® PB magnetic beads 进行纯化,70%乙醇冲洗 3 次,然后加入 40 μL Elution Buffer 进行洗脱,并用 Qubit system 检测最终的 PCR 产物浓度及质量。

2. 泡桐 cDNA SMRTbell™ 文库构建及测序

cDNA SMRTbellTM 文库构建参考 PacBio DNA template 试剂盒操作说明,不同长度的 cDNA 样品初始量如表 2-2 所示。

表 2-2　不同长度的 cDNA 样品初始量

Fraction Input	Requirement
1~2 kb	500 ng
2~3 kb	1 μg
3~6 kb	1.5 μg

(1)配制如下的反应体系 50 μL 对 dsDNA 进行修复,充分混匀并离心,37 ℃孵育 20 min,4 ℃孵育 1 min:

Amplified ds cDNA	$\underline{n}$ μL for 0.5 μg to 1.5 μg
DNA Damage Repair buffer(10 ×)	5.0 μL
NAD$^+$(100 ×)	0.5 μL
ATP high (10 mM)	0.5 μL
dNTP (10 mM)	0.5 μL
DNA Damage Repair mix	2.0 μL
H$_2$O	$\underline{n}$ μL
Total Volume	50.0 μL

（2）在上述修复的 cDNA 中加入 2.5 μL 20 × End Repair Mix，充分混匀并离心，25 ℃ 20 min，4 ℃保存。

（3）用 1 × 的 AMPure bead 对上述修复的 ds cDNA 进行纯化，70% 乙醇冲洗 3 次，然后加入 30 μL Elution Buffer 进行洗脱。

（4）按 40 μL 下列反应体系对修复后的 ds cDNA 进行接头连接，25 ℃孵育 15 min，65 ℃孵育 10 min，然后在 4 ℃条件下保存：

ds cDNA（End Repaired）	29.0 μL
20 μM Annealed Blunt Adapter	2.0 μL
Mix before proceeding	
10 × Template Prep Buffer	4.0 μL
1 mM ATP low	2.0 μL
Mix before proceeding	
Ligase	1.0 μL
H₂O	2.0 μL
Total Volume	40.0 μL

（5）在上述连接过接头的 ds DNA 中各加入 1 μL 核酸外切酶 ExoIII（100.0 U/μL）和 ExoVII（10.0 U/μL），37 ℃孵育 1 h，然后于 4 ℃保存。

（6）酶切后的 ds DNA 样品用 1 × 的 AMPure bead 进行纯化，70% 乙醇冲洗 3 次，然后加入 50 μL Elution Buffer 进行洗脱。

（7）再次用 1 × 的 AMPure bead 进行纯化，70% 乙醇冲洗 3 次，然后加入 10 μL Elution Buffer 进行洗脱。

（8）根据 PacBio 建库要求，利用 BluePippin System 对 3 ~ 6 kb 的 cDNA 文库进行二次筛选，以去掉含短 SMRTbell 模板（< 2 kb）的污染。

（9）用 1 × 的 AMPure bead 对片段进行纯化，70% 乙醇冲洗 3 次，然后加入 10 μL Elution Buffer 进行洗脱。

（10）依据 DNA/polymerase Banding 试剂盒说明书将引物和 DNA 聚合酶分别与 ds DNA 退火结合，利用 Banding Calculator 计算反应体系。

（11）将上述得到的反应体系与 MagBead 结合，用 Bead Wash Buffer 对 MagBeads 进行洗脱，然后与待测序样品结合（Bead-complex），4 ℃ 20 min，再用 Bead Wash Buffer 对其冲洗，加入 Bead Banding Buffer，4 ℃放置。

（12）将制备好的样品进行上机测序。

（四）测序数据分析

1. Illumina Hiseq X-ten 测序数据处理分析

对得到的 12 个泡桐转录组文库的原始下机 reads 进行质控检测，去除低质量序列（质量值 $Q \leqslant 10$ 的碱基数占整条 read 的 50% 以上）、重复的、含 N 比例大于 10% 的 reads 及含接头（adaptor）的 reads，从而得到 Clean Reads。然后，使用软件 Bowtie 软件将所有

clean reads 比对到三代测序得到的转录本上。

2. 泡桐 PacBio RSII 测序数据处理

不同样品的原始下机数据通过 PacBio SMRT Portal(版本 2.3.0)进行统计分析,利用 RS-Subreads protocol 中 filtering 和 isoseq-classify 对 raw reads 进行过滤与全长转录本鉴定(默认参数:minimum full pass = 0,minimum predicted accuracy = 0.75)。

3. 转录本可变剪接分析及 SSR 分析

为分析泡桐样品转录本的可变剪接信息,利用 SPLICEMAP 软件将非冗余转录本序列比对到泡桐参考基因组上,以分析转录本剪接位点信息。用 Match Anno 进行转录本结构注释,使用 gffcompare 软件对已知参考转录本序列与检测到的转录本进行比较分析。

利用 MISA 软件对长度为 500 bp 以上的转录本序列进行 SSR 分析,SSR 鉴定分为 6 种类型:①单碱基(Mono-nucleotide);②双碱基(Di-nucleotide);③三碱基(Tri-nucleotide);④四碱基(Tetra-nucleotide);⑤五碱基(Penta-nucleotide);⑥六碱基(Hexa-nucleotide)。

4. 新基因编码区序列预测

对可变剪接中得到的新转录本,利用 TransDecoder 软件对其编码区序列及其对应氨基酸序列进行预测。

5. 长链非编码 RNA 预测

利用 CPC、CNCI、pfam 及 CPAT 等软件对鉴定到的新转录本进行编码潜能预测,结合 EMBOSS 软件对 4 种方法预测都得到的候选 lncRNA 进行 ORF 预测,过滤 ORF 长度大于 100 氨基酸的序列作为最终的 lncRNA。

6. 转录本功能注释

利用 BLAXT 软件将得到的转录本序列比对到 NR、Swissport、GO、COG、KOG、KEGG 及 Pfam 蛋白数据库中,并对其进行 GO 功能分类和 COG 分类。此外,KEGG 数据库对这些转录本进行 pathway 分析,以利于能够深入了解与泡桐丛枝病发生相关转录本所参与的生物学功能。

7. 不同样品间 RNA – seq 差异表达分析

采用 RSEM(RNA – Seq by Expectation Maximization)工具进行基因以及转录本的表达定量。转录本表达量以 FPKM(Fragments Per Kb per Million fragments)为单位,具体计算公式如下:

$$FPKM = \frac{cDNA\ Fragments}{Mapped\ Fragments(Millions) \times Transcript\ Length(kb)}$$

式中:cDNA Fragments 表示比对到某一转录本上的片段数目,即双端 reads 数目;Mapped Fragments(Millions)表示比对到转录本上的片段总数,以 10^6 为单位;Transcript Length(kb):转录本长度,以 10^3 个碱基为单位。

利用 DESeq 对生物学重复样品进行组间的差异表达分析(Elowitz et al.,2002)。

在差异表达转录本检测过程中,将 Fold Change ≥2 且 FDR <0.01 作为筛选标准。差异倍数(Fold Change)表示两样品(组)间表达量的比值。错误发现率(False Discovery Rate,FDR)是通过对差异显著性 p 值(p-value)进行校正得到的。

依据差异代谢标准及如下的比对方案(见图 2-1),确定泡桐丛枝病发生相关差异转录本。

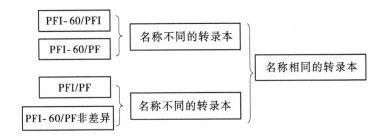

PF—白花泡桐健康苗;PFI—白花泡桐丛枝病苗;

PF-60—白花泡桐健康苗 MMS 处理;PFI-60—白花泡桐丛枝病苗 MMS 处理

图 2-1　白花泡桐丛枝病发生相关转录本比对图

(五)转录本 qRT – PCR 分析

对筛选出的 9 个转录本进行 qRT – PCR 验证,总 RNA 提取与检测方法同第二章的首先设计需要验证的差异基因引物(见表 2-3),进行反转录反应。其反应体系为:SYBR Green PCR mix 10 μL,正向和反向引物各 0.4 μM,cDNA 1 μL,7.0 μL 无菌 ddH_2O。扩增程序为:95 ℃ 1 min;95 ℃ 10 s,然后 55 ℃ 15 s,40 个循环。每个样品 3 次技术重复。以内参 18S rRNA 校正,数据处理使用 $2^{-\triangle\triangle Ct}$ 法计算相对表达量。计算同一个样品目的转录本的 Ct 值,取 3 个平行孔校正后 Ct 值的平均数。计算出样品的相对值后求差异倍数。

表 2-3　白花泡桐 qRT – PCR 验证的转录本引物序列

Gene name	Sense Primer	Anti-sense Primer
novel_model_288_58b93621	ATAGAGTTGTCCCATAGG	AAGTTCGTACCATGTAGG
PAU003218.1.1.58b93f3a	TGAAGGCGATTACTCTAG	ATCAAGTGCTAGTCTCAC
PAU002977.1	GAAGGAGGTTGACAGAAT	CATAGGTAACTAGCCGATT
PAU024420.1	CCAGTGAGTTAGATAATCC	CTTCTCTCATACATCTACT
PAU021583.1.1.58b93f4c	CCATCAGAATACAAGACA	GCCACAGAACATATAGAA
PAU026552.1.1.58b93f50	AGATAATATAGCTCGTCAT	CTCGTGTAATCAGCTTCA
PAU024975.2.2.58b93f4f	TTAGCATTGAAGAGCATTG	AAGGACTTGGATACACTC
PAU024212.1	AGTGATGTTATTATTGTCCT	CTCTCCTTCCTCTATTGA
PAU018502.1.3.58b93f49	CTCCATACACATCTAACT	TCTATATAGCTCACATTACT

第二节　结果与分析

一、泡桐样品总 RNA 提取的质量控制

利用 Nanodrop 2000 分光光度计对提取得到的不同样品的总 RNA 进行质检及定量,OD260/280 的比值在 2.0 左右,表明 RNA 样品未被蛋白及酚类物质污染;凝胶电泳结果

显示 RNA 未发生明显降解,Agilent 2100 结果显示样品的 RIN 值约 8.0,表明 RNA 质量较好,符合建库要求,可用于测序。

二、泡桐 SMRT 测序数据分析

利用三代 PacBio RSII 测序平台对白花泡桐不同样品的 cDNA 进行全长转录组测序。依据泡桐转录本的分布范围及 SMRT 对小片段 DNA 测序的偏好性,设计对泡桐转录组进行分片段建库测序(1~2 kb、2~3 kb、3~6 kb)。共进行 23 个 cell 测序,产生的数据量如表 2-4 所示。本研究共获得 1 132 801 个 polymerase read,经过滤及去掉接头后得到 18 344 143个 subread,结果表明测序质量较好,可以用于后续分析。

表 2-4　白花泡桐 PacBio RS II 测序数据统计

Sample Name	cDNA size	SMRT Cells	Post-Filter Polymerase Reads	Post-Filter Number of Subread	Post-Filter Mean Subread length
PF	1~2 kb	2	182 713	2 183 018	1 894
	2~3 kb	2	149 918	1 150 052	2 910
	3~6 kb	1	112 860	724 875	4 355
PFI	1~2 kb	2	195 673	2 810 215	1 636
	2~3 kb	2	194 357	1 508 643	2 830
	3~6 kb	2	101 750	605 260	3 527
PF-60	1~2 kb	2	142 731	1 667 633	1 995
	2~3 kb	2	195 023	1 495 574	3 066
	3~6 kb	2	185 348	1 126 687	3 955
PFI-60	1~2 kb	2	199 439	2 486 961	1 814
	2~3 kb	2	210 112	1 476 401	2 854
	3~6 kb	2	200 157	1 108 824	3 630
Total		23	1 132 801	18 344 143	

根据条件 full passes≥0 且序列准确性大于 0.75,从原始序列中提取 ROI(Read Of Insert)序列,不同样品的 ROI 序列数、ROI 碱基数及插入序列的平均数如表 2-5 所示。本研究在 PF 中获得 ROI 序列数为 276 222 条,其中 1~2 kb cDNA 文库的序列平均质量值为 0.91,每个 cell 中所有 ZMW 中序列的平均测序深度为 11。在 PFI 中获得 ROI 序列数为 332 403 条,其中 1~2 kb cDNA 文库的序列平均质量值为 0.91,每个 cell 中所有 ZMW 中序列的平均测序深度为 13。在 PF-60 中获得 ROI 序列数为 311 487 条,其中 1~2 kb cDNA 文库的序列平均质量值为 0.91,每个 cell 中所有 ZMW 中序列的平均测序深度为 12。在 PFI-60 中获得 ROI 序列数为 384 357 条,其中 1~2 kb cDNA 文库的序列平均质量值为 0.92,每个 cell 中所有 ZMW 中序列的平均测序深度为 12,这与文库的构建结果相一致。

表 2-5　白花泡桐 ROI 数据统计

Sample Name	cDNA size	Reads of Insert	Mean Read Length of Insert	Mean Read Quality of Insert	Mean Number of Passes
PF	1 ~ 2 kb	121 148	2 570	0.91	11
	2 ~ 3 kb	91 707	3 062	0.91	8
	3 ~ 6 kb	63 367	4 260	0.9	7
PFI	1 ~ 2 kb	142 904	2 139	0.92	13
	2 ~ 3 kb	121 908	2 982	0.91	8
	3 ~ 6 kb	67 591	3 476	0.9	7
PF-60	1 ~ 2 kb	90 554	3 002	0.91	12
	2 ~ 3 kb	113 908	3 386	0.9	8
	3 ~ 6 kb	107 025	3 910	0.89	6
PFI-60	1 ~ 2 kb	140 811	2 504	0.92	12
	2 ~ 3 kb	126 096	2 843	0.91	8
	3 ~ 6 kb	117 450	3 508	0.89	6

三、转录本全长序列鉴别

根据 ROI 序列中是否包含 5′primer、3′primer 及 polyA 尾,将序列分为全长序列(包含 5′ primer、3′ primer 及 polyA 尾)和非全长序列。全长序列又可根据建库时两端引物的差别确定链合成的方向。不同建库所得的全长序列如表 2-6 所示。其中,在 PF 样品中,5′ primer reads 150 149 条,3′ primer reads 165 925 条,poly-A reads 162 653 条,检测到 123 513 个 non full-length reads,full-length reads 124 982 条,non-chimeric read 124 712 个,平均长度 2 461 bp,在 PFI 样品中,5′primer reads 198 359 条,3′primer reads 214 769 条,poly-A reads 211 027 条,检测到 134 447 个 non full-length reads,full-length reads 168 030 条,non-chimeric read 167 754 个,平均长度 2 368 bp,在 PF-60 样品中,5′primer reads 168 225 条,3′primer reads 185 009 条,poly-A reads 182 597 条,检测到 143 610 个 non full-length reads,full‐length reads 141 089 条,non-chimeric read 140 707 个,平均长度 2 408 bp,在 PFI-60 样品中,5′primer reads 224 210 条,3′primer reads 242 289 条,poly-A reads 239 077 条,检测到 161 904 个 non full-length reads,full-length reads 189 122 条,non-chimeric read 189 122 个,平均长度 2 277 bp。低浓度的 SMRT adaptor 所引起嵌合序列是造成全长鉴定中假阳性结果的主要原因。本研究中 PF 样品全长序列中嵌合序列比例为 0.22%,PFI 样品全长序列中嵌合序列比例为 0.16%,PF-60 样品全长序列中嵌合序列比例为 0.27%,PFI-60 样品全长序列中嵌合序列比例为 0.13%,说明该数据 SMRT adaptor 浓度适中,试验中的假阳性概率低。

表2-6　白花泡桐全长序列数据统计

Samples	cDNA Size	Number of 5′prime reads	Number of 3′prime reads	Number of poly-A reads	Number of non-full-length reads	Number of full-length reads	Number of full-length non-chimeric reads	Average full-length non-chimeric read length
PF	1～2 kb	59 456	68 270	65 972	53 809	48 642	48 404	1 333
	2～3 kb	55 704	59 695	59 014	39 206	47 091	47 075	2 436
	3～6 kb	34 989	37 960	37 667	30 498	29 250	29 233	3 614
	Total	150 149	165 925	162 653	123 513	124 983	124 712	2 461
PFI	1～2 kb	78 979	88 077	85 380	55 971	66 354	66 123	1 243
	2～3 kb	74 971	80 246	79 523	50 142	64 022	63 989	2 346
	3～6 kb	44 409	46 446	46 124	28 334	37 654	37 642	3 516
	Total	198 359	214 769	211 067	134 447	168 030	167 754	2 368
PF-60	1～2 kb	48 370	53 927	52 462	37 100	40 694	40 424	1 357
	2～3 kb	61 163	67 691	66 813	52 833	51 425	51 400	2 371
	3～6 kb	58 692	63 391	63 322	53 677	48 970	48 883	3 495
	Total	168 225	185 009	182 579	143 610	141 089	140 707	2 408
PFI-60	1～2 kb	76 784	85 874	83 427	56 020	64 432	64 240	1 284
	2～3 kb	75 841	81 035	80 602	52 523	64 407	64 387	2 254
	3～6 kb	71 585	75 380	75 048	53 361	60 520	60 495	3 292
	Total	224 210	242 289	239 077	161 904	189 359	189 122	2 777

四、转录本序列聚类及去冗余

SMRT 测序鉴定到的全长转录本可能包含相似的序列（同一转录本的多个拷贝），对 non-chimeric read 进行 cluster，可提高序列分析的准确性。利用 ICE 软件对全长转录本序列进行聚类得到 PF 一致性序列 57 903 个，PFI 一致性序列 77 522 个，PF-60 一致性序列 70 343 个，PFI-60 一致性序列 81 139 个。同时，利用 quiver 程序对 cluster 中的一致性序列进行校正，以得到准确度大于99%的高质量转录本。本研究共获得 PF 高质量转录本 43 744 个，PFI 高质量转录本 58 094 个，PF-60 高质量转录本 52 572 个，PFI-60 高质量转录本 60 354 个。

通过 GMAP 软件将校正后的一致序列与参考基因组进行序列比对（设置参数—cross—species—allow—close—indels 0），使用 TOFU（SMRT 软件 RS_IsoSeq 流程的开发版本）软件对比对结果去冗余，过滤 identity 小于 0.9、coverage 小于 0.85 的序列，合并仅5′端最后一个外显子有差异的比对，以得到最终的非冗余转录本序列。本研究中，PF 非冗余转录本 29 004 条，PFI 非冗余转录本共 38 434 条，PF-60 非冗余转录本共 36 004 条，

PFI-60 非冗余转录本共 37 995 条。

五、转录本结构分析

利用 GAMP 软件将非冗余转录本序列比对到白花泡桐参考基因组,可以得到已知基因转录本与新基因转录本。本研究中,PF 共有 27 973 个转录本注释到已知基因区间内,共注释到 13 626 个基因,剩余的 1 028 个转录本不在任何基因区间内,可认为是新基因的转录本;PFI 中 37 019 个转录本注释到已知基因区间内,共注释到 16 075 个基因,剩余的 1 408 个为新基因的转录本;PF-60 中 34 709 个转录本注释到已知基因区间内,共注释到 14 841 个基因,剩余的 1 285 个为新基因的转录本;PFI-60 中 36 702 个转录本注释到已知基因区间内,共注释到 15 554 个基因,剩余的 1 290 个为新基因的转录本。同时,根据转录本与注释到参考转录本的外显子情况对非冗余转录本进行分类,转录本注释类型统计如表 2-7 所示。由于试验中 RNA 的降解、机械剪切、PCR 的非完全扩增和测序中上样等的原因,所测转录本两端并不完全,会导致测得的 RNA 转录本与实际的转录本长度有偏差。因此,虽然 Sc 4 与注释转录本两端起止位置有偏差,但 Sc 4 不一定是新的转录本。但 Sc3 ~ Sc1 是由内部外显子差异引起的,故可以将其作为新的转录本。

表 2-7   白花泡桐转录本注释类型

Samples	Aligned isoforms	Sc 4	Sc 3	Sc 2	Sc 1	New gene isoforms	known gene
PF	29 001	4 922	1 402	11 857	9 792	1 028	13 626
PFI	38 427	6 134	1 855	16 120	12 910	1 408	16 075
PF-60	36 594	5 303	1 651	14 814	12 941	1 285	14 841
PFI-60	37 992	5 956	1 879	15 806	13 061	1 290	15 554

注:Sc 4—转录本与注释到的参考转录本外显子情况一致,仅在起始和终止外显子区的末端有较小差别;Sc 3—转录本与注释到的参考转录本外显子结构一致,但是中间外显子大小会有差别;Sc 2—转录本与注释到的参考转录本外显子一一对应,但是仅有部分外显子重叠;Sc 1—转录本在基因区间内,但是与参考转录本的外显子基本没有重叠。

六、转录本可变剪接分析

可变剪接是调控基因表达和产生蛋白质多样性的重要机制,对可变剪接及其调控机制的深入研究将有助于揭示基因表达调控的机制。利用 SPLICEMAP 软件将非冗余转录本序列比对到白花泡桐参考基因组上,得到其可变剪接类型(见表 2-8),从表 2-8 中可以看出,4 个样品中发生可变剪接事件最多的是 PF-60,最少的是 PF(见表 2-9)。此外,每个样品的可变剪接所占比例较为相似,4 个样品中可变剪接事件发生最多的均为 Intron retention,这与在其他物种中的研究结果相一致(李娇,2013)。进一步分析可以发现,在 PFI 的可变剪接数目较 PF 明显增加,且每一种剪接事件的发生频率都要高于 PF;而在 PFI 和 PFI-60 两个样品中,PFI-60 的剪接事件的发生频率要高于 PFI 样品,但并不是所有的剪接类型都高,而是 Intron retention, Alternative 5′ splice site 和 Mutually exclusive exon

这三种类型高,Alternative 3′ splice site 和 Exon skipping 两种类型少;在 PF 和 PF-60 两个样品中,PF-60 样品的可变剪接事件要多于 PF 样品,并且每一种类型的可变剪接均高于 PF 样品;在 PF 和 PFI-60 两个样品中,PFI-60 样品的可变剪接事件要多于 PF 样品,并且每一种类型的可变剪接事件均高于 PF 样品,推测产生上述这些现象的原因可能与植原体感染和甲基剂处理有关,也就是说,植原体感染后泡桐体内发生了复杂的可变剪接模式,患丛枝病泡桐幼苗体内具备更高的潜在蛋白表达差异,这可能是由于植原体感染引起的泡桐防御反应所引起;而在甲基剂处理患丛枝病的泡桐幼苗后,泡桐 DNA 的碱基发生了表观修饰,引起了可变剪接的产生,从而诱导了一系列蛋白的表达,最终使植株恢复健康。

表 2-8　白花泡桐可变剪接分析统计结果

Sample	Intron retention	Alternative 5′ splice site	Alternative 3′ splice site	Exon skipping	Mutually exclusive exon
PF	7 035	941	1 799	1 046	80
PFI	10 075	1 469	2 803	1 714	115
PF-60	10 769	1 607	2 686	1 537	150
PFI-60	10 303	1 520	2 711	1 530	129

七、转录本 SSR 分析

简单重复序列(Simple Sequence Repeat,SSR)是真核生物体内普遍存在的遗传标记来源,其包含大量的等位基因间的差异表达信息。SSR 标记分析可为木本植物基因定位及分子克隆提供依据。本研究对聚类后获得的非冗余转录本序列进行 SSR 分析(见表 2-10)。结果表明,4 个样品中单核苷酸 SSR 所占数量最多,双核苷酸 SSR 所占数量次之,五核苷酸 SSR 所占数量最少(见表 2-11)。在单核苷酸和六核苷酸重复中,PFI 的重复序列要多于 PF,但 PF-60 要少于 PFI-60;在双核苷酸、三核苷酸和五核苷酸重复中均为 PFI 的重复序列最多,PFI-60 次之,PF 最少;而在四核苷酸重复中,PF-60 中重复序列最多,PFI-60 次之,PF 最少。发生这种现象的原因可能是植原体侵染后,泡桐体内发生了基因的可变剪接或者是转座子插入。此外,通过对这些重复序列分析发现,在 PFI 和 PF 两个样品中,PFI 样品的 SSR 数量明显多于 PF 样品,并且每个重复类型的数目相对于 PF 样品都增加了,其中变化最多的为单核苷酸重复,其次为双核苷酸重复,在 PFI 和 PFI-60 两个样品中 SSR 的数目变化不太明显,其中单核苷酸、四核苷酸和六核苷酸的 SSR 在 PFI-60 中增多,双核苷酸、三核苷酸和五核苷酸 SSR 在 PFI-60 减少,但是增加和减少的数量并不多;而在 PF 和 PF-60 两个样品中,PF-60 样品的 SSR 数量明显多于 PF 样品,并且每个重复类型的数目相对于 PF 样品也都增加了,在这两个样品中,变化最多的也是单核苷酸 SSR 和双核苷酸 SSR,在 PF 和 PFI-60 两个样品中,PFI-60 样品的 SSR 数量明显多于 PF 样品,并且每一种类型的 SSR 均高于 PF 样品,对这两个样品的 SSR 进行分析发现,在这两个样品中,同样是单核苷酸 SSR 和双核苷酸 SSR 所占比例较多,推测产生上述现象

表 2-9　白花泡桐样品中的可变剪接（部分数据）

Chrom	AS_event	Event_start	Event_end	Strand	Gene_ID	Transcript_ID
scaffold1	Intron retention	1832584	1833096	+	scaffold1:1832473～1834336W	PB. 22. 2,PB. 22. 1
scaffold1	Intron retention	1864296	1864370	+	scaffold1:1862054～1865970W	PB. 25. 2,PB. 25. 1
scaffold1	Intron retention	1933505	1933756	+	scaffold1:1931318～1936309W	PB. 28. 2/PB. 28. 5,PB. 28. 3
scaffold1	Intron retention	1933505	1933756	+	scaffold1:1931318～1936309W	PB. 28. 6,PB. 28. 4
scaffold1	Alternative 5′ splice site	1933808	1933813	+	scaffold1:1931318～1936309W	PB. 28. 3,PB. 28. 4
scaffold1	Alternative 5′ splice site	1933808	1933813	+	scaffold1:1931318～1936309W	PB. 28. 2/PB. 28. 5,PB. 28. 6
scaffold1	Alternative 3′ splice site	1984104	1984622	+	scaffold1:1979512～1986161W	PB. 32. 2,PB. 32. 1
scaffold1	Intron retention	2034065	2034992	+	scaffold1:2032204～2037635W	PB. 35. 3,PB. 35. 1/PB. 35. 2
scaffold1	Intron retention	2035775	2035850	+	scaffold1:2032204～2037635W	PB. 35. 2,PB. 35. 1/PB. 35. 3
scaffold1	Intron retention	2219142	2220277	+	scaffold1:2217805～2221317W	PB. 49. 2,PB. 49. 1
scaffold1	Intron retention	2266178	2266266	+	scaffold1:2264177～2269728W	PB. 53. 2,PB. 53. 1
scaffold1	Intron retention	2597188	2597591	+	scaffold1:2595784～2603031W	PB. 70. 2,PB. 70. 1
scaffold1	Intron retention	2615420	2615524	+	scaffold1:2614245～2620405W	PB. 72. 2,PB. 72. 1/PB. 72. 3/PB. 72. 4/PB. 72. 5
scaffold1	Alternative 3′ splice site	2615902	2615950	+	scaffold1:2614245～2620405W	PB. 72. 1/PB. 72. 2/PB. 72. 4/PB. 72. 5,PB. 72. 3
scaffold1	Intron retention	2618344	2619287	+	scaffold1:2614245～2620405W	PB. 72. 5,PB. 72. 1/PB. 72. 2/PB. 72. 3/PB. 72. 4
scaffold1	Intron retention	2736983	2738151	+	scaffold1:2735097～2739040W	PB. 79. 2,PB. 79. 1
scaffold1	Intron retention	2859811	2859881	+	scaffold1:2858425～2862823W	PB. 89. 5,PB. 89. 1/PB. 89. 3/PB. 89. 4
scaffold1	Alternative 5′ splice site	2860844	2860905	+	scaffold1:2858425～2862823W	PB. 89. 3/PB. 89. 5,PB. 89. 1
scaffold1	Intron retention	2860905	2860985	+	scaffold1:2858425～2862823W	PB. 89. 4,PB. 89. 1
scaffold1	Intron retention	2860844	2860985	+	scaffold1:2858425～2862823W	PB. 89. 4,PB. 89. 3/PB. 89. 5

PF

续表 2-9

	Chrom	AS_event	Event_start	Event_end	Strand	Gene_ID	Transcript_ID
PF	scaffold1	Intron retention	2860074	2862487	+	scaffold1:2858425~2862823W	PB.89.2,PB.89.3
	scaffold1	Alternative 5′ splice site	3004184	3004194	+	scaffold1:2999674~3007552W	PB.99.12/PB.99.15/PB.99.16/PB.99.2/PB.99.3/PB.99.4,PB.99.6
	scaffold1	Intron retention	3004194	3004280	+	scaffold1:2999674~3007552W	PB.99.13/PB.99.14,PB.99.6
	scaffold1	Intron retention	3004357	3005378	+	scaffold1:2999674~3007552W	PB.99.8,PB.99.12/PB.99.15/PB.99.16/PB.99.2/PB.99.4/PB.99.6
	scaffold1	Intron retention	3004357	3005723	+	scaffold1:2999674~3007552W	PB.99.8,PB.99.3
	scaffold1	Intron retention	3004357	3005378	+	scaffold1:2999674~3007552W	PB.99.10,PB.99.13/PB.99.14
	scaffold1	Intron retention	3004184	3005378	+	scaffold1:2999674~3007552W	PB.99.10,PB.99.12/PB.99.15/PB.99.16/PB.99.2/PB.99.4
	scaffold1	Intron retention	3004194	3005378	+	scaffold1:2999674~3007552W	PB.99.10,PB.99.6
	scaffold1	Intron retention	3004184	3005723	+	scaffold1:2999674~3007552W	PB.99.10,PB.99.3
	scaffold1	Intron retention	3003830	3004104	+	scaffold1:2999674~3007552W	PB.99.11/PB.99.9,PB.99.10
PFI	scaffold1	Alternative 3′ splice site	552820	552828	+	scaffold1:550666~554576W	PB.5.1,PB.5.2/PB.5.3
	scaffold1	Alternative 5′ splice site	1706751	1706759	+	scaffold1:1705759~1710179W	PB.21.6,PB.21.2/PB.21.3
	scaffold1	Exon skipping	1794743	1794878	+	scaffold1:1793270~1802143W	PB.26.2/PB.26.4,PB.26.3
	scaffold1	Intron retention	1798754	1801156	+	scaffold1:1793270~1802143W	PB.26.1/PB.26.3/PB.26.4,PB.26.2
	scaffold1	Exon skipping	1801395	1801447	+	scaffold1:1793270~1802143W	PB.26.1,PB.26.2/PB.26.3/PB.26.4
	scaffold1	Intron retention	1824948	1827237	+	scaffold1:1819962~1831029W	PB.29.1,PB.29.2
	scaffold1	Exon skipping	1833863	1833986	+	scaffold1:1832474~1834337W	PB.30.3/PB.30.4,PB.30.2

续表 2-9

	Chrom	AS_event	Event_start	Event_end	Strand	Gene_ID	Transcript_ID
	scaffold1	Exon skipping	1837970	1838057	+	scaffold1:1837145~1840183W	PB.31.1,PB.31.3
	scaffold1	Intron retention	1862609	1863809	+	scaffold1:1862052~1865781W	PB.33.3,PB.33.1/PB.33.2
	scaffold1	Intron retention	1864296	1864370	+	scaffold1:1862052~1865781W	PB.33.2,PB.33.1/PB.33.3
	scaffold1	Intron retention	1931432	1931867	+	scaffold1:1931252~1935808W	PB.37.3/PB.37.4,PB.37.2
	scaffold1	Alternative 3′ splice site	1932513	1932653	+	scaffold1:1931252~1935808W	PB.37.2/PB.37.6,PB.37.1/PB.37.3/PB.37.4/PB.37.5
	scaffold1	Alternative 3′ splice site	1933728	1933756	+	scaffold1:1931252~1935808W	PB.37.3,PB.37.1/PB.37.2/PB.37.6
	scaffold1	Intron retention	1933505	1933756	+	scaffold1:1931252~1935808W	PB.37.4,PB.37.1/PB.37.2/PB.37.6
	scaffold1	Intron retention	1933505	1933728	+	scaffold1:1931252~1935808W	PB.37.4,PB.37.3
	scaffold1	Intron retention	1933162	1933344	+	scaffold1:1931252~1935808W	PB.37.5,PB.37.4
	scaffold1	Intron retention	1933162	1933756	+	scaffold1:1931252~1935808W	PB.37.5,PB.37.1/PB.37.2/PB.37.6
	scaffold1	Intron retention	1933162	1933728	+	scaffold1:1931252~1935808W	PB.37.5,PB.37.3
	scaffold1	Exon skipping	2018097	2018220	+	scaffold1:2016901~2021332W	PB.44.4,PB.44.2/PB.44.3
	scaffold1	Intron retention	2018220	2018981	+	scaffold1:2016901~2021332W	PB.44.1,PB.44.2/PB.44.3
PFI	scaffold1	Alternative 3′ splice site	2018097	2018981	+	scaffold1:2016901~2021332W	PB.44.1,PB.44.4
	scaffold1	Intron retention	2035775	2035850	+	scaffold1:2032204~2037628W	PB.47.1,PB.47.2
	scaffold1	Alternative 5′ splice site	2136306	2136318	+	scaffold1:2131155~2138743W	PB.56.1/PB.56.2,PB.56.3
	scaffold1	Intron retention	2199468	2199699	+	scaffold1:2196347~2200683W	PB.61.1,PB.61.2/PB.61.3
	scaffold1	Intron retention	2200098	2200171	+	scaffold1:2196347~2200683W	PB.61.2,PB.61.1/PB.61.3
	scaffold1	Intron retention	2448407	2449132	+	scaffold1:2447465~2452444W	PB.75.1,PB.75.2/PB.75.3

续表 2-9

	Chrom	AS_event	Event_start	Event_end	Strand	Gene_ID	Transcript_ID
PFI	scaffold1	Intron retention	2449759	2450271	+	scaffold1:2447465~2452444W	PB.75.1,PB.75.2/PB.75.3
	scaffold1	Intron retention	2451014	2451527	+	scaffold1:2447465~2452444W	PB.75.3,PB.75.1/PB.75.2
	scaffold1	Alternative 5′ splice site	2494974	2495032	+	scaffold1:2494186~2497450W	PB.79.3,PB.79.2
	scaffold1	Intron retention	2495190	2495289	+	scaffold1:2494186~2497450W	PB.79.3,PB.79.1/PB.79.2
	scaffold1	Intron retention	1798754	1801156	+	scaffold1:1793268~1802158W	PB.22.1/PB.22.3,PB.22.2
	scaffold1	Exon skipping	1837734	1837878	+	scaffold1:1837145~1840182W	PB.26.1,PB.26.2
	scaffold1	Intron retention	1864296	1864370	+	scaffold1:1862057~1865742W	PB.28.2,PB.28.1
	scaffold1	Intron retention	1864296	1864807	+	scaffold1:1862057~1865742W	PB.28.3,PB.28.1
	scaffold1	Intron retention	1864531	1864807	+	scaffold1:1862057~1865742W	PB.28.3,PB.28.2
	scaffold1	Alternative 3′ splice site	1931750	1931867	+	scaffold1:1931318~1936309W	PB.30.8,PB.30.3/PB.30.5/PB.30.6/PB.30.7
	scaffold1	Intron retention	1931432	1931867	+	scaffold1:1931318~1936309W	PB.30.1,PB.30.3
PF-60	scaffold1	Intron retention	1932049	1932653	+	scaffold1:1931318~1936309W	PB.30.2,PB.30.3/PB.30.5/PB.30.6/PB.30.7
	scaffold1	Intron retention	1932049	1932731	+	scaffold1:1931318~1936309W	PB.30.4,PB.30.8
	scaffold1	Alternative 3′ splice site	1931750	1931867	+	scaffold1:1931318~1936309W	PB.30.4,PB.30.2
	scaffold1	Intron retention	1933505	1933756	+	scaffold1:1931318~1936309W	PB.30.6/PB.30.9,PB.30.2/PB.30.5/PB.30.7
	scaffold1	Intron retention	1933162	1933344	+	scaffold1:1931318~1936309W	PB.30.4,PB.30.6/PB.30.9
	scaffold1	Intron retention	1933162	1933756	+	scaffold1:1931318~1936309W	PB.30.4,PB.30.2/PB.30.5/PB.30.7
	scaffold1	Alternative 3′ splice site	1933692	1933756	+	scaffold1:1931318~1936309W	PB.30.8,PB.30.1
	scaffold1	Alternative 5′ splice site	1933808	1933813	+	scaffold1:1931318~1936309W	PB.30.2/PB.30.5/PB.30.7,PB.30.1
	scaffold1	Mutually exclusive exon	1933692	1933808	+	scaffold1:1931318~1936309W	PB.30.8,PB.30.2/PB.30.5/PB.30.7

续表 2-9

	Chrom	AS_event	Event_start	Event_end	Strand	Gene_ID	Transcript_ID
PF-60	scaffold1	Intron retention	1985463	1985599	+	scaffold1:1979440~1986232W	PB.34.1,PB.34.2/PB.34.3
	scaffold1	Intron retention	2013623	2013712	+	scaffold1:2011883~2016523W	PB.37.2,PB.37.1
	scaffold1	Intron retention	2019898	2020917	+	scaffold1:2016811~2021331W	PB.38.2,PB.38.1
	scaffold1	Intron retention	2034065	2034992	+	scaffold1:2032204~2037636W	PB.41.2,PB.41.1
	scaffold1	Alternative 3′ splice site	2135083	2135090	+	scaffold1:2131151~2138745W	PB.47.1,PB.47.4
	scaffold1	Alternative 3′ splice site	2198090	2198165	+	scaffold1:2196285~2200708W	PB.51.2,PB.51.1
	scaffold1	Intron retention	2200098	2200171	+	scaffold1:2196285~2200708W	PB.51.2,PB.51.1
	scaffold1	Intron retention	2495190	2495289	+	scaffold1:2494307~2497451W	PB.64.2,PB.64.1
	scaffold1	Alternative 5′ splice site	2495754	2495801	+	scaffold1:2494307~2497451W	PB.64.1,PB.64.2
	scaffold1	Alternative 3′ splice site	2859863	2859881	+	scaffold1:2858428~2862823W	PB.98.2,PB.98.1/PB.98.1/PB.98.3/PB.98.7/PB.98.8
	scaffold1	Intron retention	2859811	2859863	+	scaffold1:2858428~2862823W	PB.98.11/PB.98.5,PB.98.2
	scaffold1	Intron retention	2859811	2859881	+	scaffold1:2858428~2862823W	PB.98.11/PB.98.5,PB.98.1/PB.98.1/PB.98.10/PB.98.3/PB.98.7/PB.98.8
	scaffold1	Intron retention	2860881	2860982	+	scaffold1:2858428~2862823W	PB.98.1,PB.98.1
	scaffold1	Intron retention	2860844	2860985	+	scaffold1:2858428~2862823W	PB.98.1,PB.98.2/PB.98.5/PB.98.7/PB.98.8
PFI-60	scaffold1	Intron retention	1862609	1863809	+	scaffold1:1862054~1865755W	PB.26.3,PB.26.1/PB.26.2/PB.26.4/PB.26.5
	scaffold1	Intron retention	1864296	1864370	+	scaffold1:1862054~1865755W	PB.26.2/PB.26.3/PB.26.4/PB.26.5,PB.26.1
	scaffold1	Alternative 5′ splice site	1865105	1865152	+	scaffold1:1862054~1865755W	PB.26.5,PB.26.3
	scaffold1	Intron retention	1931432	1931867	+	scaffold1:1931318~1935834W	PB.30.2/PB.30.30.3,PB.30.1

续表 2-9

	Chrom	AS_event	Event_start	Event_end	Strand	Gene_ID	Transcript_ID
	scaffold1	Alternative 3′ splice site	1932513	1932653	+	scaffold1:1931318~1935834W	PB.30.3,PB.30.1/PB.30.2/PB.30.5
	scaffold1	Alternative 3′ splice site	1932653	1932731	+	scaffold1:1931318~1935834W	PB.30.1/PB.30.2/PB.30.5,PB.30.4
	scaffold1	Alternative 3′ splice site	1932513	1932731	+	scaffold1:1931318~1935834W	PB.30.3,PB.30.4
	scaffold1	Intron retention	1933505	1933756	+	scaffold1:1931318~1935834W	PB.30.3/PB.30.5,PB.30.1/PB.30.4
	scaffold1	Alternative 5′ splice site	1933808	1933813	+	scaffold1:1931318~1935834W	PB.30.1/PB.30.4,PB.30.2
	scaffold1	Alternative 5′ splice site	1981136	1981143	+	scaffold1:1979453~1986226W	PB.35.2/PB.35.4,PB.35.3
	scaffold1	Intron retention	1981136	1982455	+	scaffold1:1979453~1986226W	PB.35.1,PB.35.2/PB.35.4
	scaffold1	Intron retention	1982483	1983117	+	scaffold1:1979453~1986226W	PB.35.3,PB.35.2/PB.35.4
	scaffold1	Intron retention	1982483	1983117	+	scaffold1:1979453~1986226W	PB.35.5,PB.35.1
	scaffold1	Intron retention	1981136	1983117	+	scaffold1:1979453~1986226W	PB.35.5,PB.35.2/PB.35.4
	scaffold1	Intron retention	1981143	1982455	+	scaffold1:1979453~1986226W	PB.35.5,PB.35.3
PFI-60	scaffold1	Alternative 3′ splice site	1984104	1984622	+	scaffold1:1979453~1986226W	PB.35.2/PB.35.6,PB.35.1/PB.35.4/PB.35.5
	scaffold1	Intron retention	1983461	1984622	+	scaffold1:1979453~1986226W	PB.35.3,PB.35.1/PB.35.4/PB.35.5
	scaffold1	Intron retention	1983461	1984104	+	scaffold1:1979453~1986226W	PB.35.3,PB.35.2/PB.35.6
	scaffold1	Exon skipping	2018097	2018220	+	scaffold1:2016972~2021331W	PB.36.2,PB.36.1
	scaffold1	Intron retention	2034065	2034992	+	scaffold1:2032242~2049490W	PB.38.1,PB.38.2
	scaffold1	Intron retention	2035094	2035195	+	scaffold1:2032242~2049490W	PB.38.3,PB.38.1
	scaffold1	Intron retention	2034065	2035195	+	scaffold1:2032242~2049490W	PB.38.3,PB.38.2
	scaffold1	Intron retention	2085587	2085678	+	scaffold1:2084432~2089262W	PB.41.2,PB.41.1
	scaffold1	Intron retention	2199866	2199971	+	scaffold1:2196194~2200710W	PB.50.4,PB.50.1/PB.50.3
	scaffold1	Intron retention	2200098	2200171	+	scaffold1:2196194~2200710W	PB.50.2,PB.50.1/PB.50.3
	scaffold1	Alternative 3′ splice site	2266114	2266117	+	scaffold1:2264156~2269607W	PB.55.1,PB.55.2
	scaffold1	Intron retention	2268543	2268631	+	scaffold1:2264156~2269607W	PB.55.2,PB.55.1
	scaffold1	Intron retention	2421670	2422312	+	scaffold1:2421009~2424372W	PB.64.2,PB.64.1/PB.64.3

表 2-10　白花泡桐 SSR 分析统计结果

Type	PF	PFI	PF-60	PFI-60
Mono – nucleotide	7 983	9 945	10 306	10 564
Di – nucleotide	4 205	5 882	5 579	5 800
Tri – nucleotide	1 553	2 076	1 965	2 021
Tetra – nucleotide	128	150	175	155
Penta – nucleotide	47	81	50	80
Hexa – nucleotide	62	102	105	106

表 2-11　白花泡桐种鉴定到的 SSR（部分数据）

	Gene_ID	SSR_type	Repeat Site	Number	Size
PF	PB.1.3	Mono-nucleotide	A	10	10
	PB.3.1	Mono-nucleotide	T	10	10
	PB.3.2	Mono-nucleotide	T	11	11
	PB.14866.2	Mono-nucleotide	T	17	17
	PB.2.3	Di-nucleotide	TC	13	26
	PB.7730.2	Di-nucleotide	CT	8	16
	PB.7755.1	Di-nucleotide	CT	6	12
	PB.7768.1	Di-nucleotide	GA	20	40
	PB.5480.1	Tri-nucleotide	GAT	5	15
	PB.5485.1	Tri-nucleotide	TTC	5	15
	PB.6023.5	Tri-nucleotide	TGA	5	15
	PB.6075.1	Tri-nucleotide	CTT	9	27
	PB.192.2	Tetra-nucleotide	CCCA	6	24
	PB.13835.1	Tetra-nucleotide	TTGT	6	24
	PB.14203.1	Tetra-nucleotide	TTCT	5	20
	PB.14577.1	Tetra-nucleotide	AAGA	6	24
	PB.126.2	Penta-nucleotide	TATTT	6	30
	PB.509.1	Penta-nucleotide	AAATG	6	30
	PB.629.1	Penta-nucleotide	TCTTT	8	40
	PB.752.1	Penta-nucleotide	TGTCA	5	25
	PB.1228.3	Penta-nucleotide	AAAGC	6	30
	PB.13418.1	Hexa-nucleotide	AGAGGA	5	30

续表 2-11

	Gene_ID	SSR_type	Repeat Site	Number	Size
PF	PB. 13931. 2	Hexa-nucleotide	CCCCAC	6	36
	PB. 14456. 1	Hexa-nucleotide	GAGCAG	6	36
	PB. 14457. 1	Hexa-nucleotide	GCTCCT	6	36
PFI	PB. 3058. 6	Mono-nucleotide	T	13	13
	PB. 3058. 6	Mono-nucleotide	T	14	14
	PB. 3067. 1	Mono-nucleotide	A	15	15
	PB. 3067. 10	Mono-nucleotide	A	10	10
	PB. 7485. 6	Di-nucleotide	CA	6	12
	PB. 7486. 2	Di-nucleotide	GT	6	12
	PB. 7500. 1	Di-nucleotide	TG	7	14
	PB. 7509. 4	Di-nucleotide	TC	7	14
	PB. 5386. 3	Tri-nucleotide	TGA	5	15
	PB. 5394. 1	Tri-nucleotide	CCA	7	21
	PB. 5409. 2	Tri-nucleotide	AAG	5	15
	PB. 5418. 2	Tri-nucleotide	CTT	5	15
	PB. 5428. 1	Tri-nucleotide	GGA	11	33
	PB. 5458. 1	Tri-nucleotide	CCG	5	15
	PB. 14864. 1	Tetra-nucleotide	CCAC	5	20
	PB. 14886. 1	Tetra-nucleotide	AAGA	5	20
	PB. 15062. 1	Tetra-nucleotide	TTAT	5	20
	PB. 15459. 2	Tetra-nucleotide	TGCC	5	20
	PB. 9063. 2	Penta-nucleotide	TTTCT	5	25
	PB. 9218. 2	Penta-nucleotide	TGAGG	5	25
	PB. 799. 2	Hexa-nucleotide	GACAAA	5	30
	PB. 1157. 2	Hexa-nucleotide	CAGCAA	5	30
	PB. 1385. 1	Hexa-nucleotide	CCTGAC	5	30
	PB. 1780. 1	Hexa-nucleotide	GAGGTG	5	30
	PB. 2286. 2	Hexa-nucleotide	TCCTCT	6	36
PF-60	PB. 1503. 1	Mono-nucleotide	T	15	15
	PB. 1506. 1	Mono-nucleotide	T	10	10
	PB. 1507. 6	Mono-nucleotide	A	10	10

续表 2-11

	Gene_ID	SSR_type	Repeat Site	Number	Size
PF-60	PB.1508.1	Mono-nucleotide	T	10	10
	PB.1539.1	Mono-nucleotide	A	13	13
	PB.8362.1	Di-nucleotide	TC	11	22
	PB.8377.2	Di-nucleotide	TG	13	26
	PB.8380.1	Di-nucleotide	TC	18	36
	PB.8402.1	Di-nucleotide	TG	12	24
	PB.8409.1	Di-nucleotide	GA	8	16
	PB.4545.3	Tri-nucleotide	CCG	5	15
	PB.4656.1	Tri-nucleotide	GCA	6	18
	PB.4669.1	Tri-nucleotide	TTC	5	15
	PB.4675.1	Tri-nucleotide	CCA	5	15
	PB.4686.1	Tri-nucleotide	GTG	9	27
	PB.11562.3	Tetra-nucleotide	CTTT	5	20
	PB.11888.1	Tetra-nucleotide	CATA	6	24
	PB.12027.1	Tetra-nucleotide	CTCC	6	24
	PB.12202.1	Tetra-nucleotide	CTTT	6	24
	PB.12391.1	Tetra-nucleotide	AAGG	5	20
	PB.4726.1	Penta-nucleotide	CTCTT	5	25
	PB.4971.1	Penta-nucleotide	TTTTG	5	25
	PB.6286.1	Penta-nucleotide	CTTTT	6	30
	PB.5925.8	Hexa-nucleotide	GGGTCG	5	30
	PB.6269.1	Hexa-nucleotide	GCATCA	5	30
PFI-60	PB.1847.1	Mono-nucleotide	T	11	11
	PB.1849.2	Mono-nucleotide	C	19	19
	PB.1855.2	Mono-nucleotide	A	10	10
	PB.1866.1	Mono-nucleotide	A	14	14
	PB.1872.2	Mono-nucleotide	T	15	15
	PB.1186.3	Di-nucleotide	CT	14	28
	PB.1200.1	Di-nucleotide	TC	9	18
	PB.1212.1	Di-nucleotide	TC	6	12
	PB.1218.1	Di-nucleotide	GA	11	22

续表 2-11

	Gene_ID	SSR_type	Repeat Site	Number	Size
	PB.1221.2	Di-nucleotide	TC	6	12
	PB.4978.7	Tri-nucleotide	TGC	5	15
	PB.5001.1	Tri-nucleotide	ACC	5	15
	PB.5017.1	Tri-nucleotide	AAG	6	18
	PB.5017.2	Tri-nucleotide	AAG	6	18
	PB.14084.4	Tetra-nucleotide	TTTC	6	24
	PB.14259.2	Tetra-nucleotide	TTTA	5	20
PFI-60	PB.14277.1	Tetra-nucleotide	CCAC	5	20
	PB.14578.1	Tetra-nucleotide	GACA	5	20
	PB.438.4	Penta-nucleotide	TTCTT	5	25
	PB.707.2	Penta-nucleotide	TCCTC	5	25
	PB.877.2	Penta-nucleotide	GGTGA	5	25
	PB.7737.4	Hexa-nucleotide	GCAGGA	5	30
	PB.8335.2	Hexa-nucleotide	TGAGAG	5	30
	PB.8384.2	Hexa-nucleotide	CCGCTG	6	36

的原因,一方面可能是植原体侵染后引起的转座子插入所造成的基因表达情况发生变化,另一方面可能是植原体入侵后基因发生了不同的可变剪接引起的。通过对这 4 个样品的单核苷酸 SSR 和双核苷酸 SSR 进行进一步分析发现,在这 4 个样品中,单核苷酸 SSR 均为 T 碱基发生重复的次数最高,而 G 碱基发生重复的次数最少;双核苷酸 SSR 中 CT 碱基重复的次数最多,CG 碱基发生重复的次数最少,这与在水稻、玉米等禾本科植物研究结果中双核苷酸 SSR 的结果不一致(吴立群等,2007),可能是木本植物与禾本科植物的双核苷酸 SSR 的模式不一样所造成的。同时,对 4 个样品的其他类型 SSR 也进行了分析,结果表明,其他几种类型的 SSR 中任何一种 SSR 在 4 个样品中发生重复的序列完全不一样,推测这可能与 SSR 长度有关,长度越长,在不同样品间出现的频率就越少。

八、新转录本编码区序列预测

新转录本编码区序列及对应氨基酸序列的预测有助于我们更加深入了解泡桐基因组信息,本研究利用 TransDecoder 软件对三代测序预测得到的新转录本的编码区序列及其对应氨基酸序列进行预测。其中,PF 获得 ORF 1 112 个,其中完整 ORF 858 条;PFI 获得 ORF 1 627 个,其中完整 ORF 1 270 条;PF-60 获得 ORF 1 462 个,其中完整 ORF 1 159 条;PFI-60 获得 ORF 1 519 个,其中完整 ORF 1 183 条。对 4 个样品中,预测到的完整 ORF 区编码蛋白序列长度进行统计分析发现,在 4 个样品中蛋白的长度分布较为相似,97% 蛋白序列长度在 1 000 bp 内(见图2-2),其中 0 ~ 100 bp 区间是蛋白质分布的高峰区。除此之外,我们还发现,蛋白的数量均为随着 ORF 序列长度的增加而减少,在 PF 样品中,ORF 序列长度为0~500 bp 的蛋白数量为802 个,占蛋白质总数的93.47%,ORF 序列长度为500~1 000 bp 的蛋白数量为56 个,占蛋白质总数的6.53%;在 PFI 样品中,ORF 序列长度为0~500 bp 的蛋白数量为1 217 个,占蛋白质总数的79.13%,ORF 序列长度为500~1 000 bp 的蛋白数量为4 938 个,占蛋白质总数的95.82%,ORF 序列长度为1 000 bp 以上的蛋白数量为53 个,占蛋白质总数的4.18%,其中,800~900 bp 内没有检测到蛋白;在 PF-60 样品中 ORF 序列长度为0~500 bp 的蛋白数量为1 064 个,占蛋白质总数的91.80%,ORF 序列长度为500~1 000 bp 的蛋白数量为92 个,占蛋白质总数的7.94%,ORF 序列长度为1 000 bp 以上的蛋白数量为3 个,占蛋白质总数的0.36%;在 PFI-60 中,ORF 序列长度为0~500 bp 的蛋白数量为1 076 个,占蛋白质总数的90.95%,ORF 序列长度为500~1 000 bp 的蛋白数量为105 个,占蛋白质总数的8.87%,ORF 序列长度为1 000 bp 以上的蛋白数量为2 个,占蛋白质总数的0.17%。

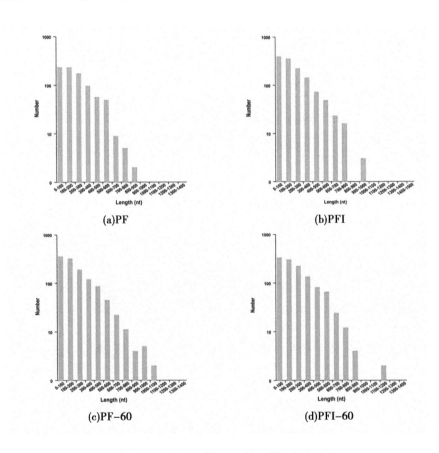

图2-2　白花泡桐预测的 CDS 编码蛋白长度分布

九、LncRNA 鉴定分析

LncRNA 广泛参与调控植物生长发育及其相应生物和非生物胁迫,LncRNA 的研究可揭示控制泡桐生长和分化的新机制。因此,本试验通过 CPC 分析、CNCI 分析、pfam 蛋白结构域分析、CPAT 分析 4 种方法对鉴定到的转录本进行编码潜能预测,共得到 lncRNA 转录本 1 505 个,其中 PF 390 个,PFI 共 486 个,PF-60 共 451 个,PFI-60 共 448 个。使用 EMBOSS 对 4 种方法预测得到的候选 lncRNA 进行 ORF 预测,将 ORF 长度小于 100 氨基酸的序列作为最终的 lncRNA 序列,共获得 lncRNAs 序列 1 019 个(见表 2-12)。同时,根据 lncRNA 在参考基因组注释信息上的位置将 lncRNA 分为 4 类(见图 2-3),从图中可以看出,在 PF 中基因间区 lncRNA 和正义 ncRNA 最多,反义 lncRNA 和内含子 lncRNA 最少,在 PFI、PF-60 和 PFI-60 中基因间区 lncRNA 最多,内含子 lncRNA 最少。在 4 个样品中,lncRNAs 的不同可能是植原体感染和甲基剂处理所造成的。为进一步筛选出与丛枝病发生相关的 lncRNAs,我们将这些 lncRNAs 在 PFI/PF、PFI-60/PFI、PF-60/PF 及 PFI-60/PF 中做对比,其中在 PF 和 PFI 中共有的 lncRNAs 有 41 个,有 261 个 lncRNAs 仅在 PF 中存在,有 341 个 lncRNAs 仅在植原体感染后的 PFI 中存在;产生这种差异的原因可能是植原体感染后泡桐为抵抗植原体而引起的;在 PFI 和 PFI-60 中共有的 lncRNAs 有 64 个,甲基剂处理后不表达的 lncRNAs 有 321 个,有 293lncRNAs 是甲基剂处理后才被激活表达,推测产生这种现象可能与甲基剂处理后 DNA 的碱基发生了表观修饰有关。在 PF 和 PF-60 中同时存在的 lncRNAs 有 55 个,受甲基剂影响而不表达的 lncRNAs 有 248 个,被激活的 lncRNAs 有 294 个。在这 4 个样品中通过方案比对分析找到可能与丛枝病发生相关的 lncRNAs 有 494 个(见图 2-4),其中有 43 个 lncRNA 属于反义 lncRNA、55 个属于内含子 lncRNA、169 个属于基因间区 lncRNA、227 个属于正义 lncRNA。这些 lncRNAs 在丛枝病发生过程中的具体功能还有待进一步的研究。

表 2-12　白花泡桐中鉴定到的 lncRNA(部分数据)

	LncRNA_ID	Length	Class
	PB. 21. 1	3 837	sense_lncRNA
	PB. 92. 1	1 091	lincRNA
	PB. 92. 2	1 054	sense_lncRNA
	PB. 301. 2	1 579	sense_lncRNA
	PB. 321. 1	3 585	sense_lncRNA
	PB. 404. 1	1 060	sense_lncRNA
	PB. 425. 2	1 268	sense_lncRNA
PF	PB. 571. 1	1 071	Antisense_lncRNA
	PB. 600. 1	2 267	lincRNA
	PB. 649. 3	2 202	Intronic-lncRNA
	PB. 656. 1	1 569	lincRNA
	PB. 672. 5	1 244	sense_lncRNA
	PB. 695. 2	2 607	sense_lncRNA
	PB. 704. 1	3 383	lincRNA
	PB. 713. 5	1 008	lincRNA

续表 2-12

	LncRNA_ID	Length	Class
PF	PB.767.1	1 100	sense_lncRNA
	PB.805.3	1 026	Intronic-lncRNA
	PB.888.1	1 235	sense_lncRNA
	PB.905.1	1 170	lincRNA
	PB.947.3	2 236	Intronic-lncRNA
PFI	PB.15.1	974	lincRNA
	PB.26.2	1 006	Antisense_lncRNA
	PB.50.1	1 501	lincRNA
	PB.111.1	1 078	sense_lncRNA
	PB.301.1	996	sense_lncRNA
	PB.433.1	2 157	lincRNA
	PB.681.1	1 118	Antisense_lncRNA
	PB.751.1	1 033	sense_lncRNA
	PB.771.2	2 488	Intronic-lncRNA
	PB.779.1	1 536	lincRNA
	PB.836.9	2 296	sense_lncRNA
	PB.852.1	1 147	lincRNA
	PB.876.1	943	sense_lncRNA
	PB.913.1	855	sense_lncRNA
	PB.920.1	1 189	Intronic-lncRNA
	PB.981.2	1 530	Antisense_lncRNA
	PB.1228.1	2 268	lincRNA
	PB.1246.3	1 018	sense_lncRNA
	PB.1281.2	1 187	sense_lncRNA
	PB.1294.2	940	sense_lncRNA
PF-60	PB.168.1	3 210	sense_lncRNA
	PB.230.6	1 548	Intronic-lncRNA
	PB.301.1	2 044	sense_lncRNA
	PB.308.1	1 208	sense_lncRNA
	PB.431.1	3 145	lincRNA
	PB.434.2	1 340	sense_lncRNA
	PB.435.3	1 002	sense_lncRNA
	PB.465.3	2 055	sense_lncRNA
	PB.608.2	3 186	lincRNA
	PB.658.1	3 721	Antisense_lncRNA

续表2-12

	LncRNA_ID	Length	Class
	PB. 704. 1	2 746	lincRNA
	PB. 718. 2	1 079	lincRNA
	PB. 724. 2	1 341	sense_lncRNA
	PB. 748. 6	1 166	lincRNA
PF-60	PB. 751. 1	3 493	lincRNA
	PB. 762. 1	3 782	lincRNA
	PB. 762. 2	3 061	lincRNA
	PB. 767. 3	2 353	sense_lncRNA
	PB. 772. 1	3 448	Intronic-lncRNA
	PB. 780. 1	1 153	lincRNA
	PB. 3. 1	1 163	lincRNA
	PB. 8. 1	1 703	lincRNA
	PB. 231. 5	2 963	Intronic-lncRNA
	PB. 279. 3	2 902	sense_lncRNA
	PB. 416. 1	3 492	lincRNA
	PB. 462. 1	1 070	Intronic-lncRNA
	PB. 573. 1	916	lincRNA
	PB. 676. 1	1 072	Antisense_lncRNA
	PB. 688. 4	2 143	sense_lncRNA
PFI-60	PB. 720. 1	1 434	sense_lncRNA
	PB. 764. 3	1 316	Intronic-lncRNA
	PB. 788. 1	2 165	lincRNA
	PB. 821. 1	3 260	lincRNA
	PB. 822. 6	2 319	sense_lncRNA
	PB. 848. 5	1 309	sense_lncRNA
	PB. 856. 1	2 999	sense_lncRNA
	PB. 897. 1	1 204	Intronic-lncRNA
	PB. 935. 1	2 883	lincRNA
	PB. 1046. 1	1 144	lincRNA

十、泡桐丛枝病发生相关转录本分析

为利用二代测序产生的转录本的表达量对三代测序的转录本进行定量,本研究采用Illumina测序平台分别对 MMS 处理前后白花泡桐健康苗和丛枝病苗测序,共获得642 829 243条 raw reads,经过过滤后共获得637 382 580 条 clean read(见表2-13)。结果表明,4 个泡桐文库的测序质量比较好。将这些 clean reads 比对到参考基因组计算三代

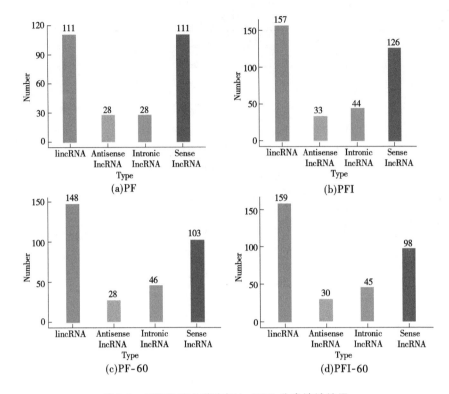

图 2-3　不同处理白花泡桐 lncRNA 分类统计结果

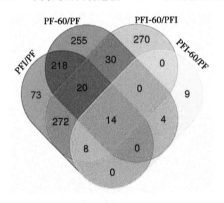

图 2-4　白花泡桐丛枝病发生相关 lncRNA

转录本的 FPKM 值,以得到不同样品之间测序得到的全长转录本的差异表达情况,依照差异比对标准（FDR ≤0.01 且 | log₂fold-change | >1),将 4 个样品在 PFI/PF、PFI-60/PFI、PF-60/PF 及 PFI-60/PF 中做对比,进行转录本差异表达统计分析,结果如图 2-5 所示。在 PFI/PF 中差异表达转录本 3 848 个,其中上调的有 1 712 个、下调的有 2 160 个,上下调差异倍数| log₂fold – change| >5 的上、下调转录本数目分别为 136 个和 214 个。PFI-60/PF 中非差异表达转录本总数为 18 715 个。PFI-60/PFI 中差异表达转录本总数为 3 240 个,其中上调转录本有 1 890 个、下调转录本有 1 350 个,上下调差异倍数| log₂fold-change| >5 的上、下调转录本数目分别为 58 个和 77 个。在 PF-60/PF 中差异表达转录本总数为

表 2-13　Illumina 测序数据统计

Samples	Raw reads	Clean reads	Clean Data(G)	GC(%)	Q20
PF-1	57 882 319	57 198 731	16.90	46.41	95.74
PF-2	61 158 725	60 596 665	17.96	46.14	96.12
PF-3	54 310 625	53 783 190	15.93	45.94	96.21
PFI-1	62 256 198	61 670 923	18.25	45.14	96.10
PFI-2	57 664 538	57 242 433	16.94	45.12	96.21
PFI-3	51 985 454	51 496 481	15.23	45.03	96.05
PF-60-1	50 852 516	50 418 460	14.87	45.61	95.48
PF-60-2	49 710 340	49 351 857	14.66	45.22	95.20
PF-60-3	55 589 191	55 170 924	16.34	45.21	95.42
PFI-60-1	48 569 817	48 211 742	14.30	45.81	95.15
PFI-6-02	47 915 729	47 612 453	14.15	45.58	95.03
PFI-60-3	44 933 791	44 628 721	13.25	45.70	95.42

2 528 个,其中上调转录本为 1 139 个、下调转录本为 1 146 个,上下调差异倍数 | log₂fold-change | >5 的上、下调转录本数目分别为 69 个和 89 个。根据分析方案,在 PFI/PF 和 PFI-60/PF 两个比对组中差异的转录本有 18 192 个。在 PFI-60/PFI 和 PF-60/PF 两个比对组中差异表达转录本有 2 899 个。通过与上述 18 192 个转录本取交集得到了 1 423 个可能与丛枝病发生密切相关的转录本(见表 2-14)。由于植物表型等的变化与转录本表达存在一定的关系,因此 MMS 处理白花泡桐健康苗和丛枝病苗前后差异表达的转录本可能与植原体感染存在一定关系。同时,差异表达转录本也反映了甲基剂 MMS 带来的转录本表达变化。需要关注的是,每个比对组中 | log₂fold-change | >5 的差异转录本中上调的转录本个数都少于下调的转录本个数。

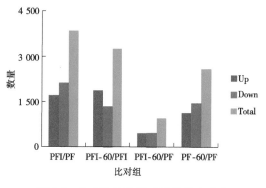

图 2-5　白花泡桐差异表达转录本分布

表 2-14　泡桐丛枝病发生相关转录本（部分数据）

Transcript_ID	Up/Down (PFI/PF)	Up/Down (PFI-60/PFI)	Up/Down (PF-60/PF)	Nr_annotation
novel_model_1030_58h93621	up	down	—	stem-specific protein TSJT1-like
novel_model_1090_58h93621	down	up	—	uncharacterized protein LOC102585370
novel_model_179_58h93621	down	up	—	protein TRANSPARENT TESTA 12-like
PAU019084.1	—	—	up	Chaperone protein dnaJ 8, chloroplastic
novel_model_256_58h93621	up	down	down	zeatin O-glucosyltransferase-like
novel_model_288_58h93621	up	down	—	gibberellin 2-beta-dioxygenase 4
novel_model_319_58h93621	down	—	down	protein REVEILLE 7-like isoform X1
PAU009856.1	—	up	—	Plasma membrane ATPase 1
novel_model_54_58h93621.1.58h93f39	down	up	—	hypothetical protein MIMGU_mgv1a008288mg
novel_model_845_58h93621	up	down	—	cytochrome P450 71D95-like
novel_model_884_58h93621	down	up	—	trans-resveratrol di-O-methyltransferase-like
novel_model_899_58h93621	up	down	—	major allergen Pru ar 1-like
novel_model_964_58h93621	down	—	down	uncharacterized protein LOC104244667
PAU000247.1	up	—	up	probable galactinol － sucrose galactosyltransferase 1
PAU000403.1	down	up	—	unnamed protein product
PAU000562.1.1.58h93f3c	up	down	—	cysteine-rich receptor-like protein kinase 25
PAU000645.1	up	down	—	cytochrome P450 94C1-like
PAU000780.1.7.58h93f38	up	down	—	two-component response regulator-like APRR3
PAU001093.1	up	down	—	probable GABA transporter 2
PAU026233.1	—	—	up	gamma aminobutyrate transaminase 3
PAU001972.2	up	—	up	pentatricopeptide repeat-containing protein At3g29230

续表 2-14

Transcript_ID	Up/Down (PFI/PF)	Up/Down (PFI-60/PFI)	Up/Down (PF-60/PF)	Nr_annotation
PAU002389.1	down	up	—	monofunctional riboflavin biosynthesis protein RIBA 3
PAU002580.1.2.58b93f39	up	down	—	uncharacterized protein LOC105163063 isoform X3
PAU002976.1	up	—	up	hypothetical protein MIMGU_mgv1a005052mg
PAU002977.1	up	down	—	myb-related protein Zm38-like
PAU002991.1.3.58b93f3a	up	down	—	uncharacterized protein
PAU025883.1.1.58b93f4f	—	—	up	Transcription factor RF2b
PAU003174.1.3.58b93f3a	up	down	—	pre-rRNA-processing protein TSR1 homolog
PAU003218.1.1.58b93f3a	down	up	—	fructose-1,6-bisphosphatase, cytosolic
PAU003283.1	down	up	—	probable monodehydroascorbate reductase
PAU003289.1.1.58b93f3a	down	up	—	carbonic anhydrase, chloroplastic-like isoform X2
PAU004117.1.2.58b93f3b	up	down	—	phytochrome A
PAU004312.1.1.58b93f3b	up	down	—	probable LRR receptor-like serine/threonine-protein kinase
PAU004550.1.1.58b93f3c	down	up	—	hypothetical protein POPTR_0004s16850g
PAU004639.1	up	down	—	heavy metal-associated isoprenylated plant protein 26-like
PAU010913.1.3.58b93f42	—	—	up	ferrochelatase-2, chloroplastic
PAU005316.1.3.58b93f3d	up	—	up	4 - coumarate - CoA ligase
PAU005479.1.1.58b93f3d	up	down	—	hypothetical protein MIMGU_mgv1a004665mg
PAU005482.1.1.58b93f3d	up	—	up	cyclic nucleotide-binding/kinase domain-containing protein isoform X2
PAU005807.2.2.58b93f3e	up	down	—	54S ribosomal protein L12, mitochondrial
PAU005980.1.5.58b93f3d	up	down	—	hypothetical protein MIMGU_mgv1a003765mg
PAU006106.1.1.58b93f3d	up	—	up	strictosidine-O-beta-D-glucosidase-like isoform X3

续表2-14

Transcript_ID	Up/Down (PFI/PF)	Up/Down (PFI-60/PFI)	Up/Down (PF-60/PF)	Nr_annotation
novel_model_415_58b93621.1.58b93f41	—	—	up	serine carboxypeptidase-like 27
PAU006132.1	down	up	—	formin-like protein 4
PAU006280.1	down	—	up	glycine – tRNA ligase 1, mitochondrial-like
PAU006430.1.1.58b93f3e	up	—	up	protein PHR1-LIKE 1-like isoform X2
PAU006676.1.1.58b93f3e	up	—	up	pentatricopeptide repeat-containing protein At1g77360
PAU006855.1.1.58b93f3f	up	down	—	two-component response regulator-like APRR9
PAU007017.1.3.58b93f40	up	down	—	hypothetical protein JCGZ_26901
PAU009292.1	—	up	—	CBS domain-containing protein CBSX5
PAU007349.1.2.58b93f3f	down	—	down	purple acid phosphatase 4-like
PAU007774.1	up	down	—	hypothetical protein MIMGU_mgv1a025931mg
PAU007984.2	down	up	—	hypothetical protein MIMGU_mgv1a004802mg
PAU008456.1.1.58b93f40	up	up	—	uncharacterized protein LOC105161687 isoform X1
PAU008844.1	down	—	down	3-ketoacyl-CoA synthase 11
PAU009251.1.2.58b93f40	up	down	—	G-type lectin S-receptor-like serine/threonine-protein kinase
PAU009421.1.1.58b93f41	down	up	—	triose phosphate/phosphate translocator, chloroplastic
PAU009570.2	up	down	—	serine/threonine-protein kinase BLUS1-like isoform X1
PAU009670.1	down	—	down	photosystem I reaction center subunit VI, chloroplastic-like
PAU009874.2.2.58b93f41	up	down	—	protein FAM135B-like

注：PAU＊．＊．＊58b＊为三代测序得到的已知基因新转录本；PAU＊．＊＿PAU＊．＊＿为三代测序得到的新转录本，来自于基因组多个区域共同转录；novel_model_＊＿＊为三代测序得到的新基因转录本。

十一、泡桐丛枝病发生相关转录本功能分类及 pathway 分析

将筛选出的 1 423 个与丛枝病发生相关的转录本进行功能注释。同时,对这些转录本进行 KOG 和 GO 功能分类以及 KEGG pathway 分析。KOG 功能分类结果表明,有 982 个转录本被注释到并且其功能被分为 21 类(见图 2-6),其中"一般功能"分类涉及的转录本数目最多,包含 184 个转录本(18.7%),其次是"信号转导机制",包含 110 个转录本(11.2%),包含转录本最少的为"胞内转运、分泌、膜泡运输"(0.41%)。GO 功能分析结果表明,这些与丛枝病发生相关的转录本共参与了 45 个 GO terms(见图 2-7),其中在"细胞组分(cellular component)"中"细胞(cell)""细胞组分(cell part)""细胞内组分(intracellular part)""细胞器(organelle)"等类别中的转录本数量较多,而"细胞核(nucleoid)""细胞外基质(extracellular matrix)""病毒粒子(virion)"等类别所含的转录本数目较少。分子功能(molecular function)中"催化活性(catalytic activity)""结合(binding)""转移酶活性(transferase activity)"等类别所含的转录本数量较多,"翻译调控活性(translation regulator activity)"所含转录本数目最少。生物学过程(biological process)类别中"代谢过程(metabolic process)""细胞内生物过程(cellular process)""单细胞过程(single-orginasm process)""响应刺激(respose to stimulus)"等条目中所含的转录本个数多,细胞杀伤(cell killing)所含转录本最少。

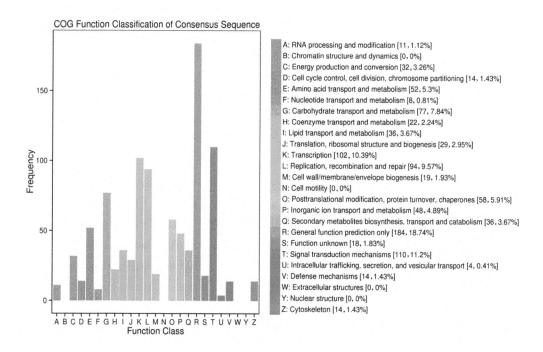

图 2-6 白花泡桐转录本 COG 功能分类

为了进一步了解这些转录本在泡桐丛枝病植原体胁迫下可能发挥的生物学功能,我们对转录本进行了 KEGG pathway 分析,结果这些转录本参与了 105 条代谢通路(见

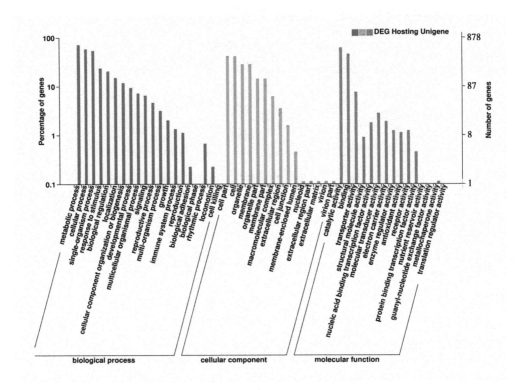

图2-7 白花泡桐丛枝病相关转录本 GO 功能分类

表2-15)。其中,"植物激素信号转导途径(Plant hormone signal transduction,ko04075)"涉及的转录本最多,有35个,如生长素输入载体(AUX1)、生长素响应蛋白(auxin-responsive protein IAA,AUX/IAA)、油菜素内酯信号激酶(BR-Signaling Kinase,BSK)、脱落酸受体(abscisic acid receptor PYR/PYL family,PYR)和 ABA 响应结合元件因子(ABA responsive element binding factor,ABF)等,"植物病原相互作用(Plant-pathogen interaction)"中富集到的转录本有17个,例如环核苷酸门控通道(Cyclic Nucleotide Gated Channel,CNGC)、钙结合蛋白 CML(calcium-binding protein,CML)、WRKY 转录因子(WRKY transcription factor 22)等,参与生物节律的转录本有15个,如 E3 泛素蛋白连接酶(E3 ubiquitin-protein ligase RFWD2,COP1)、光敏色素 A(phytochrome A)、隐花色素1(cryptochrome 1,CRY1)等,其次为"苯丙烷生物合成(Phenylpropanoid biosynthesis)"涉及该代谢途径的转录本有11个,如过氧化物酶(peroxidase)、顺式肉桂酸4 - 单加氧酶(trans-cinnamate 4-monooxygenase,CYP73A)、肉桂醇脱氢酶(Cinnamyl-Alcohol Dehydrogenase,CAD)及咖啡酰辅酶 - A - O - 甲基转移酶(Caffeoyl-CoAO-Methyltransferase,CCoAOMT)等,表明植原体感染后泡桐体内发生了一系列生理生化变化,这些变化在一定程度上激活或抑制了一些转录本的表达情况,从而使促使其发病或产生一些物质来抵御植原体的侵染。

表 2-15　白花泡桐丛枝病发生相关转录本所参与的 20 个代谢通路

Pathway	Transcritps	ko_ID
Pyrimidine metabolism	4	ko00240
Carbon fixation in photosynthetic organisms	10	ko00710
Plant hormone signal transduction	35	ko04075
Phenylpropanoid biosynthesis	11	ko00940
Ubiquitin mediated proteolysis	7	ko04120
Amino sugar and nucleotide sugar metabolism	9	ko00520
Biosynthesis of amino acids	21	ko01230
Phagosome	7	ko04145
Circadian rhythm – plant	15	ko04712
Glycolysis / Gluconeogenesis	12	ko00010
Terpenoid backbone biosynthesis	6	ko00900
Glutathione metabolism	2	ko00480
Carbon metabolism	23	ko01200
Fatty acid degradation	6	ko00071
Pentose phosphate pathway	5	ko00030
Citrate cycle (TCA cycle)	6	ko00020
Pyruvate metabolism	10	ko00620
Inositol phosphate metabolism	5	ko00562
Nitrogen metabolism	8	ko00910
Ascorbate and aldarate metabolism	7	ko00053

十二、丛枝病发生相关转录本的 qRT – PCR 分析

为了验证全长转录组测序分析结果的可靠性,本研究随机选择 9 个与泡桐丛枝病相关转录本进行 qRT – PCR 分析(见图 2-8),具体涉及赤霉素 2 – β 双加氧酶(novel_model_288_58b93621)、果糖 – 1,6 – 二磷酸酶(PAU003218.1.1.58b93f3a)、MYB 相关蛋白(PAU002977.1)、同源亮氨酸拉链蛋白(PAU024420.1)、疾病抵抗蛋白(PAU021583.1.1.58b93f4c)、UDP 葡萄糖基转移酶(PAU026552.1.1.58b93f50)、E3 泛素蛋白连接酶(PAU024975.2.2.58b93f4f)、醛脱氢酶(PAU018502.1.3.58b93f49)和生长素响应因子(PAU024212.1)。结果分析表明,这 9 个转录本的相对表趋势与全长转录组测序结果相一致,说明本研究中转录组测序结果是真实可靠的。

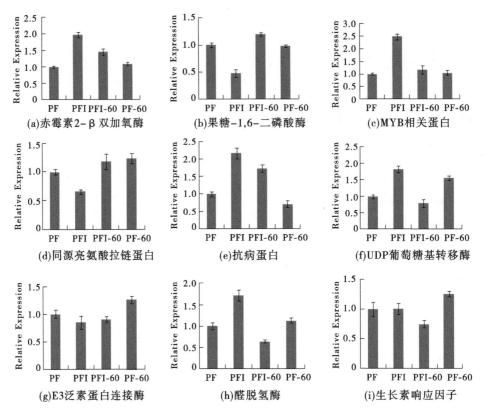

(a)赤霉素2-β双加氧酶　　(b)果糖-1,6-二磷酸酶　　(c)MYB相关蛋白

(d)同源亮氨酸拉链蛋白　　(e)抗病蛋白　　(f)UDP葡萄糖基转移酶

(g)E3泛素蛋白连接酶　　(h)醛脱氢酶　　(i)生长素响应因子

PF—白花泡桐健康苗;PFI—白花泡桐丛枝病苗;PF-60—60 mg/L MMS 处理的
白花泡桐健康苗;PFI-60—60 mg/L MMS 处理的白花泡桐丛枝病苗

图 2-8　转录本 qRT - PCR 验证

第三节　结　论

(1)本研究采用 SMRT 测序技术对白花泡桐进行转录组测序,共获得 1 132 801 个 polymerase reads,去掉接头后得到 18 344 143 个 subreads;根据 full passes ≥ 0 且序列准确性大于 0.75,共获得 1 304 487 条 ROI 序列;经聚类及去冗余分析得到 422 332 条一致性转录本,其中高质量一致性转录本 263 662 条。

(2)将鉴定得到的一致性序列比对到泡桐参考基因组,以对其进行可变剪接位及 SSR 分析,本研究共鉴定到 60 192 个可变剪接,其中 PF 10 901 个、PFI 16 176 个、PF-60 16 749个、PFI-60 16 193 个。进一步分析发现,在 4 个样品中,PF-60 发生的可变剪接事件最多,PF 最少,且 4 个样品中可变剪接事件发生最多的均为 Intron retention。SSR 分析结果表明,4 个样品中共有 69 120 个 SSR,其中 PF 13 978 个、PFI 18 236 个、PF-60 18 180 个、PFI-60 18 726 个。对 4 个样品的 SSR 分析结果表明,4 个样品中 PFI-60 样品的 SSR 最多,PF 最少,且均为单碱基 SSR 所占数量最多,五碱基 SSR 所占数量最少。

(3)本试验通过 CPC 分析、CNCI 分析、pfam 蛋白结构域分析、CPAT 分析四种方法对鉴定到的转录本进行编码潜能预测。同时,通过 EMBOSS 对 4 种方法预测得到的候选

lncRNA 进行 ORF 预测,将 ORF 长度大于 100 氨基酸的序列作为最终的 lncRNA 序列,共获得 lncRNAs 序列 1 019 个。lncRNA 分类分析表明, PF 中基因间区 lncRNA 和正义 ncRNA 最多,而其他三个样品均为基因间区 lncRNA 最多。通过比较分析找出与丛枝病发生相关的 lncRNA 有 494 个。

(4)对白花泡桐进行 Illumina 测序,经过滤去冗余,获得 clean reads 637 382 580 条,将这些 reads 比对到参考基因组计算 FPKM,按照差异标准,在 PFI/PF 中差异表达转录本 3 848 个,其中上调 1 712 个、下调 2 160 个;PFI-60/PF 中非差异表达转录本总数为18 715 个。PFI-60/PFI 中差异表达转录本总数为 3 240 个,其中上调 1 890 个、下调 1 350 个;在 PF-60/PF 中差异表达转录本总数为 2 528 个,其中上调转录本为 1 139 个、下调转录本为 1 146 个。

(5)经过比对分析找到与丛枝病发生的差异全长转录本 1 423 个,对这些转录本进行 GO 和 KEGG 富集分析发现, 这些转录本与植物病原相互作用(Plant – pathogen interaction)、苯丙烷生物合成(Phenylpropanoid biosynthesis)及植物激素信号转导(Plant hormone signal transduction)等生物学过程密切相关。

第三章　泡桐丛枝病发生的代谢组研究

　　泡桐(Paulownia spp.)是中国重要的速生用材和绿化树种,大力发展泡桐对于改善生态环境,缓解目前中国木材短缺局面和提高农民生活水平具有重要的经济和生态意义。然而,由植原体入侵引起的泡桐丛枝病能导致患病泡桐幼树死亡,大树生长缓慢、蓄积量降低,每年造成的直接经济损失超过数十亿元人民币,严重影响了我国泡桐产业的发展(Du et al. , 2005;Yue et al. , 2008)。自土居养二发现泡桐丛枝病的病原菌——植原体以来,国内外科技工作者对泡桐丛枝病发病的机制及防治方法进行了大量的研究工作,并初步明确了引起该病病原菌的传播方式、发生途径和发病过程中的生理生化变化。然而,由于泡桐丛枝病植物植原体本身的复杂性和目前技术手段的限制,研究没有取得人们预期的成果。随着科学技术的发展,科技工作者采用现代生物技术分析了发病后泡桐转录组、miRNA 和蛋白质组的变化,筛选出了一些丛枝病发生前后表达差异的基因、miRNA 和蛋白质。在此基础上,近期有研究表明,代谢物种类和数量的表达变化与植物生长发育及其生物和非生物胁迫密切相关。代谢物是基因调控过程的终产物,其种类和数量变化是生物体对体内外环境变化的最终响应。植物内源代谢物对植物的生长发育有重要作用(Pichersky et al. , 2000)。研究表明,植物中的代谢物超过了 20 万种,既包括维持生长发育和生命活动所必需的初级代谢物,还包括与抗病和抗逆相关的次生代谢物,并且植物细胞内的生命活动,如能量传递、信号释放与传导等大多发生于代谢层面。因此,定性定量分析代谢物变化有助于阐明植物响应植原体感染的复杂调控网络(Dixon et al. , 2003)。但是,有关国内外泡桐响应植原体感染的代谢组研究至今未有报道。本研究利用UPLC - MS/MS代谢组技术对 MMS 处理患丛枝病病前后白花泡桐样品进行大规模代谢物分析,利用生物信息学的方法对得到的差异代谢物进行 pathway 富集分析,以期进一步阐明泡桐和其他植物丛枝病发生分子机制。

第一节　材料与方法

一、材料和处理

材料培养及处理方法参照第二章。

二、试验方法

(一)代谢物提取
取出超低温冷冻保存的白花泡桐健康苗、丛枝病苗及其对应的 MMS 处理苗材料样本,对样本进行真空冷冻干燥。干燥后的样品,利用研磨仪(MM 400, Retsch)在 30 Hz 条件下研磨 1.5 min,称取 100 mg 的粉末。然后将粉末溶解于 1.0 mL 提取液中,提取液是含有 0.1 mg/L 利多卡因内标的 70% 的甲醇溶液。每隔 10 min 涡旋一次,共涡旋 3 次,使提取更为充分,然后将样品置于 4 ℃冰箱中过夜。提取后,离心(转速 10 000 g)10 min,吸取上清液,然后再利用炭黑小柱(CNWBOND Carbon. GCB SPE Cartridge, 250 mg, 3 mL,上海安普,http://www. anpel. com. cn/cnw)对代谢产物进行杂质吸附,之后再用微孔滤膜(0.22 μm pore size)过滤样品,并保存在进样瓶中,随后用于 LC – MS/MS 分析。

质控样本(QC)由样本提取物混合制备而成,用于分析样本在相同的处理方法下的重复性。在仪器分析的过程中,每 10 个检测分析样本中插入一个质控样本,以监测分析过程的重复性。

（二）LC/MS – MS 分析

样品提取物运用 LC – ESI – MS/MS(HPLC, Shim-pack UPLC SHIMADZU CBM20A system, www. shimadzu. com. cn/;MS, Applied Biosystems 4000 Q TRAP, www. appliedbio-systems. com. cn/)系统进行分析,分析条件主要包括:①色谱柱:Waters ACQUITY UPLC HSS T3 C18 1.8 m,2.1 mm×100 mm;②流动相:水相为超纯水(加入 0.01% 的乙酸),有机相为乙腈(加入 0.01% 的乙酸);③洗脱梯度,水:乙腈,0 min 为 95:5 V/V,11.0 min 为 5:95 V/V,12.0 min 为 5:95 V/V,12.1 min 为 95:5 V/V,15.0 min 为 95:5 V/V;④流速为 0.4 mL/min;⑤柱温为 40 ℃;⑥进样量为 5 μL。然后将分离物再进行质谱分析。通过三重四级杆 – 线性离子肼质谱仪(API 4000 Q TRAP LC/MS/MS System)获得线性离子肼和三重四级杆的扫描结果,线性离子阱和三重四级杆的主要参数包括:电喷雾离子源(Elec-trospray Ionization,ESI)温度为 550 ℃,质谱电压为 5 500 V,GS1、GS2 以及 CUR 分别为 55 psi、60 psi 和 25 psi,碰撞诱导电离(Collision-Activated Dissociation,CAD)参数设置为高。在三重四级杆(QQQ)中,每个离子对是根据优化的 DP 和 CE 进行扫描检测。所得到的数据利用软件 Analyst 1.6.1(AB SCIEX)进行数据处理。

（三）代谢物定性与定量

基于数据库 MWDB(Metware DataBase)及代谢物信息公共数据库,对质谱检测的一级谱和二级谱数据进行定性分析。其中部分物质定性分析时去除了同位素信号,含 K^+ 离子、Na^+ 离子、NH_4^+ 离子的重复信号,以及本身是其他更大分子量物质的碎片离子的重复信号。代谢物结构解析参考已有的质谱公共数据库 MassBank(http://www. massbank. jp/)、KNAPSAcK(http://kanaya. naist. jp/KNApSAcK/)、HMDB(http://www. hmdb. ca/)、MoToDB(http://www. ab. wur. nl/moto/)和 METLIN(http://metlin. scripps. edu/in-dex. php)等。代谢物定量是利用三重四级杆质谱的多反应监测模式(Multiple Reaction Monitoring,MRM)分析完成。获得不同样本的代谢物质谱分析数据后,对所有物质的质谱峰进行峰面积积分,并对其中同一代谢物在不同样本中的质谱出峰进行积分校正。

（四）泡桐丛枝病发生相关差异代谢物筛选

利用 PCA(Principal Component Analysis,主成分分析）和 PLS – DA(Partial Least Squares – Discriminant Analysis, 偏最小二乘判别分析)两种多元统计分析方法分析不同样品之间的差异代谢物。先用 PCA 判断样品组间的分离趋势,再用 PLS – DA 进一步分析。根据 PLS – DA 结果,从获得的多变量分析 PLS – DA 模型的 VIP 参数值,可以依据 VIP≥1.0 初步筛选出不同品种或组织间差异的代谢物,然后结合差异倍数值(fold change)来进一步筛选。差异倍数是处理组代谢物含量除以对照组代谢物含量得到的比值。最终得到的差异代谢物要满足以下条件:fold change≥2 或≤0.5,且 VIP≥1。在差异代谢物的基础上,根据第二章比对方案,确定泡桐丛枝病发生相关差异代谢物。

(五)代谢物和转录组的关联分析

本试验在进行分析前统一对数据进行 Log_2 转换。利用 KEGG pathway 中酶所对应的编号对代谢组和转录组之间的联合分析,同时对关联上的基因和代谢物进行相关性分析。本试验使用来自 R 的 cor 程序对结果进行统计分析,关联结果的筛选标准为:Pearson Correlation Coefficient > 0.8。

第二节　结果与分析

一、白花泡桐代谢物轮廓谱

采用 UPLC – MS/MS 技术,以及 ESI 正离子检测的 MRM 扫描模式,获取白花泡桐 4 个样品的代谢物质谱信息。通过 Analyst 1.6.2 软件打开质谱下级后的原始数据,并对其分析。图 3-1 是进行 UPLC – MS/MS 质谱分析后获得的白花泡桐不同样品的总离子流图,通过对比可以直观地发现不同样品之间化合物种类和含量的差异。白花泡桐不同样品中代谢物种类及含量可通过结合本地代谢数据库(MWDB)、UPLC – MS/MS 矩阵中代谢物的保留时间、质荷比及碎片离子获得,同时对保留时间和峰型信息进行积分校正,以确保定性、定量分析的准确。结果表明,在白花泡桐 4 个样品中共检测到 645 个代谢物(已知代谢物 398 种,未知的代谢物 247 种),这些代谢物主要涉及氨基酸、维生素、植物激素、糖类及黄酮类等(见表 3-1)。

表 3-1　白花泡桐中检测到的已知代谢物(部分)

Index	Component Name	class
PT0306	4beta-Hydroxy-11-O-(2′-pyrolylcarboxy)epilupinine	Alkaloids
PT0544	Aminophylline	Alkaloids
PT0132	Betaine	Alkaloids
PT0512	Caffeine	Alkaloids
PT0324	Chinese bittersweet alkaloid II	Alkaloids
PT0540	Cocamidopropyl betaine	Alkaloids
PT0047	Colchicine	Alkaloids
PT0615	Etamiphylline	Alkaloids
PT0146	Harmaline	Alkaloids
PT0487	Hyoscyamine	Alkaloids
PT0407	Methylergometrine	Alkaloids

续表 3-1

Index	Component Name	class
PT0089	Nicotinoylcholine	Alkaloids
PT0406	Papaverine	Alkaloids
PT0545	Theobromine	Alkaloids
PT0212	Trigonelline	Alkaloids
PT0142	1-Amino-1-cyclopentanecarboxylic acid	Amino acid
PT0057	Alanine	Amino acid
PT0046	Arginine	Amino acid
PT0220	Cysteine	Amino acid
PT0219	Cysteine	Amino acid
PT0092	Glutamic acid	Amino acid
PT0023	Histidine	Amino acid
PT0054	L-Alanine	Amino acid
PT0041	L-Arginine	Amino acid
PT0087	L-Asparagine	Amino acid
PT0074	L-Aspartic acid	Amino acid
PT0176	Leucine	Amino acid
PT0022	L-Histidine	Amino acid
PT0140	L-Isoleucine	Amino acid
PT0174	L-Leucine	Amino acid
PT0055	L-Lysine	Amino acid
PT0134	L-Methionine	Amino acid
PT0202	L-Phenylalanine	Amino acid
PT0064	L-Proline	Amino acid
PT0084	L-Threonine	Amino acid
PT0260	L-Tryptamine	Amino acid
PT0246	L-Tryptophan	Amino acid
PT0129	L-Tyramine	Amino acid
PT0155	L-Tyrosine	Amino acid
PT0105	L-Valine	Amino acid
PT0158	Methionine	Amino acid

续表 3-1

Index	Component Name	class
PT0079	Proline	Amino acid
PT0058	Serine	Amino acid
PT0245	Tryptophan	Amino acid
PT0123	Tyrosine	Amino acid
PT0161	Tyrosine	Amino acid
PT0166	tyr-p	Amino acid
PT0114	Valine	Amino acid
PT0216	3-(2-Naphthyl)-D-alanine	Amino acid derivative
PT0083	beta-Homothreonine	Amino acid derivative
PT0012	D-3-Methylhistidine	Amino acid derivative
PT0636	Gabapentin	Amino acid derivative
PT0117	Gamma-glutamyl Glutamine	Amino acid derivative
PT0197	Homocystine	Amino acid derivative
PT0120	Homoproline	Amino acid derivative
PT0265	Kynurenic acid	Amino acid derivative
PT0232	N-(9H-Purin-6-ylcarbamoyl)threonine	Amino acid derivative
PT0056	N,N-Dimethylglycine	Amino acid derivative
PT0266	N-[Methyl(7H-purin-6-yl)carbamoyl]-L-threonine	Amino acid derivative
PT0173	N-Acetyl-DL-glutamic acid	Amino acid derivative
PT0171	N-Acetylglutamate	Amino acid derivative
PT0124	N-Acetyl-L-leucine	Amino acid derivative
PT0187	N-Hydroxy-L-tryptophan	Amino acid derivative
PT0014	N-Tigloylglycine	Amino acid derivative
PT0093	O-Acetyl-L-serine	Amino acid derivative
PT0019	Ornithine	Amino acid derivative
PT0189	Oxitriptan	Amino acid derivative
PT0203	Phenylalanine	Amino acid derivative
PT0150	Phenylglycine	Amino acid derivative
PT0048	S-(5′-Adenosyl)-L-methionine	Amino acid derivative
PT0131	Saccharopine	Amino acid derivative

续表 3-1

Index	Component Name	class
PT0178	S-Adenosyl-L-homocysteine	Amino acid derivative
PT0080	Serotonin	Amino acid derivative
PT0379	Cyanidin 3-O-glucoside	Anthocyanin
PT0362	Cyanidin O-rutinoside	Anthocyanin
PT0463	3-Hydroxykynurenine	Benzene and Benzenoids
PT0466	Coniferyl aldehyde	Benzene and Benzenoids
PT0521	Dodecyl (dimethyl) amine oxide	Benzene and Benzenoids
PT0147	Hydroxyphenethylamine	Benzene and Benzenoids
PT0200	Kynurenine	Benzene and Benzenoids
PT0144	N-Phenylacetamide	Benzene and Benzenoids
PT0401	Vanillin	Benzene and Benzenoids
PT0555	2-Propenyl (sinigrin)	Carbohydrates
PT0152	D(-)-Threose	Carbohydrates
PT0229	Fructose 1, 6 – diphosphate	Carbohydrates
PT0002	Glucosamine	Carbohydrates
PT0008	Mannitol 1-phosphate	Carbohydrates
PT0108	Nicotinate ribonucleoside	Carbohydrates
PT0076	Trehalose	Carbohydrates
PT0115	Acetylcholine	Cholines
PT0039	Carbachol	Cholines
PT0066	O-Phosphocholine	cholines
PT0289	7-methoxy-4-methylcoumarin	Coumarins and derivatives
PT0250	2′, 6′-dihydroxy-4-methoxychalcone-4′-O-neohesperidoside	Flavonoid
PT0465	2,3-Dihydroflavone	Flavonoid
PT0291	2′,6-Dihydroxyflavone	Flavonoid
PT0419	3,4,2′,4′,6′-Pentamethoxychalcone	Flavonoid
PT0455	3′, 4′, 5′-Tricetin O-hexoside	Flavonoid
PT0453	3′,4′,5′-Tricetin 5-O-hexoside	Flavonoid
PT0492	3′,4′,5′-Tricetin O-malonylhexoside	Flavonoid
PT0476	3′,4′,5′-Tricetin O-rutinoside	Flavonoid

续表 3-1

Index	Component Name	class
PT0290	5,3'-Dihydroxyflavone	Flavonoid
PT0562	5,7-Dimethoxyflavanone	Flavonoid
PT0073	5-Methoxyflavanone	Flavonoid
PT0390	6-Methylflavone	Flavonoid
PT0475	6-Prenylnaringenin	Flavonoid
PT0500	Apigenin	Flavonoid
PT0359	Apigenin 5-O-glucoside	Flavonoid
PT0356	Apigenin 6-C-glucoside	Flavonoid
PT0425	Apigenin 7-O-glucoside	Flavonoid
PT0402	Apigenin 7-O-rutinoside	Flavonoid
PT0450	Apigenin O-malonylhexoside	Flavonoid
PT0363	C-hexosyl-chrysoeriol O-p-coumaroylhexoside	Flavonoid
PT0370	C-hexosyl-chrysoeriol O-caffeoylhexoside	Flavonoid
PT0299	C-hexosyl-luteolin O-hexoside	Flavonoid
PT0522	Chrysoeriol	Flavonoid
PT0434	Chrysoeriol 7-O-hexoside	Flavonoid
PT0420	Chrysoeriol 7-O-rutinoside	Flavonoid
PT0447	Chrysoeriol O-feruloylhexosyl-O-hexoside	Flavonoid
PT0297	Chrysoeriol O-hexosyl-O-rutinoside	Flavonoid
PT0461	Chrysoeriol O-malonylhexoside	Flavonoid
PT0458	C-pentosyl-apeignin O-feruloylhexoside	Flavonoid
PT0432	C-pentosyl-apigenin O-caffeoylhexoside	Flavonoid
PT0383	C-pentosyl-apigenin O-hexoside	Flavonoid
PT0452	C-pentosyl-apigenin O-p-coumaroylhexoside	Flavonoid
PT0135	Delphinidin 3-O-glucoside	Flavonoid
PT0345	Delphinidin O-rutinoside	Flavonoid
PT0570	Denin	Flavonoid
PT0017	di-C,C-hexosyl-chrysoeriol	Flavonoid
PT0537	Epicatechin O-hexoside derivative	Flavonoid
PT0346	Hesperetin	Flavonoid

续表 3-1

Index	Component Name	class
PT0364	Hesperetin 5-O-glucoside	Flavonoid
PT0371	Hesperidin	Flavonoid
PT0392	Hesperidin methyl chalcone	Flavonoid
PT0377	Kaempferol 3-O-glucoside	Flavonoid
PT0486	Luteolin	Flavonoid
PT0329	Luteolin 6-C-glucoside	Flavonoid
PT0378	Luteolin 7-O-glucoside	Flavonoid
PT0462	Luteolin C-sinapoylhexoside	Flavonoid
PT0439	Luteolin O-malonylhexoside	Flavonoid
PT0472	Malvidin-3-galactoside	Flavonoid
PT0373	methylApigenin C-hexoside	Flavonoid
PT0491	methylChrysoeriol 5-O-hexoside	Flavonoid
PT0332	methylLuteolin C-hexoside	Flavonoid
PT0380	methylQuercetin O-hexoside	Flavonoid
PT0501	Naringenin	Flavonoid
PT0428	Naringenin 7-O-glucoside	Flavonoid
PT0451	Naringenin O-malonylhexoside	Flavonoid
PT0374	O-methylapigenin C-hexoside	Flavonoid
PT0001	O-methylapigenin C-pentoside	Flavonoid
PT0015	O-methylnaringenin C-pentoside	Flavonoid
PT0403	O-methylQuercetin O-hexoside	Flavonoid
PT0424	Pelargonidin O-hexoside	Flavonoid
PT0322	Pelargonin O-hexosyl-O-hexoside	Flavonoid
PT0421	Peonidin O-rutinoside	Flavonoid
PT0394	Petunidin 3-O-rutinoside	Flavonoid
PT0347	Quercetin	Flavonoid
PT0438	quercetin-3-beta-O-galactoside	Flavonoid
PT0426	Resokaempferol 7-O-hexoside	Flavonoid
PT0367	Rutin	Flavonoid
PT0404	Selgin O-hexoside	Flavonoid

续表 3-1

Index	Component Name	class
PT0457	Selgin O-hexoside derivative	Flavonoid
PT0449	Selgin O-hexosyl-O-hexoside	Flavonoid
PT0441	Selgin O-malonylhexoside	Flavonoid
PT0574	Tangeretin	Flavonoid
PT0448	Tricetin O-hexoside	Flavonoid
PT0470	Tricetin O-malonylhexoside	Flavonoid
PT0505	Tricin	Flavonoid
PT0496	Tricin 4′-O-(syringyl alcohol) ether	Flavonoid
PT0506	Tricin 4′-O-(syringyl alcohol) ether	Flavonoid
PT0502	Tricin 4′-O-(β-guaiacylglyceryl) ether	Flavonoid
PT0389	Tricin 4′-O-(β-guaiacylglyceryl) ether 5-O-hexoside	Flavonoid
PT0414	Tricin 4′-O-(βguaiacylglyceryl) ether derivative	Flavonoid
PT0384	Tricin 5-O-hexoside	Flavonoid
PT0339	Tricin 5-O-hexosyl-O-hexoside	Flavonoid
PT0433	Tricin 7-O-hexoside	Flavonoid
PT0503	Tricin O-glucoside derivative	Flavonoid
PT0340	Tricin O-hexosyl-O-hexoside	Flavonoid
PT0437	Tricin O-rhamnosyl-O-malonylhexoside	Flavonoid
PT0164	1H-indole-3-carboxylic acid	Indoles and derivatives
PT0315	1-methoxyindole-3-carbaldehyde	Indoles and derivatives
PT0343	2-(5-hydroxy-1H-indol-3-yl)acetic acid	Indoles and derivatives
PT0287	3-Indolebutyrate	Indoles and derivatives
PT0468	IAA	Indoles and derivatives
PT0312	IAA-Asp-N-Glc	Indoles and derivatives
PT0121	IAA-Glu	Indoles and derivatives
PT0459	Indole-3-carboxaldehyde	Indoles and derivatives
PT0460	Indole-3-carboxyaldehyde	Indoles and derivatives
PT0244	Methoxy indoleacetic acid	Indoles and derivatives
PT0603	14,15-Dehydrocrepenynic acid	Lipids
PT0524	4-Hydroxysphinganine	Lipids

续表 3-1

Index	Component Name	class
PT0538	9,17-Octadecadiene-12,14-diyne-1,11,16-triol	Lipids
PT0625	9-Hydroxy-(10E,12Z,15Z)-octadecatrienoic acid	Lipids
PT0167	Carnitine	Lipids
PT0565	Dihydrosphingosine	Lipids
PT0639	Linoleic acid	Lipids
PT0611	LPC(1-acyl 16:0)	Lipids
PT0598	LPC(1-acyl 16:1)	Lipids
PT0563	LPC(1-acyl 16:2)	Lipids
PT0618	LPC(1-acyl 18:1)	Lipids
PT0600	LPC(1-acyl 18:2)	Lipids
PT0594	LPC(1-acyl 18:2)	Lipids
PT0612	LPC(1-acyl 18:3)	Lipids
PT0616	Punicic acid	Lipids
PT0060	sn-Glycero-3-phosphocholine	Lipids
PT0643	1-Methyladenosine	Nucleotide derivates
PT0230	2'-Deoxyadenosine	Nucleotide derivates
PT0198	2'-Deoxyadenosine monohydrate	Nucleotide derivates
PT0104	2'-Deoxyadenosine-5'-monophosphate	Nucleotide derivates
PT0411	2'-Deoxycytidine-5'-diphosphate	Nucleotide derivates
PT0029	2'-Deoxyinosine-5'-monophosphate	Nucleotide derivates
PT0284	5'-Deoxy-5'-(methylthio)adenosine	Nucleotide derivates
PT0285	5'-S-Methylthioadenosine	Nucleotide derivates
PT0208	6-Methylmercaptopurine	Nucleotide derivates
PT0547	9-Amino-1,2,3,4-tetrahydroacridine	Nucleotide derivates
PT0112	Adenine	Nucleotide derivates
PT0195	Adenosine	Nucleotide derivates
PT0584	Adenosine 3',5'-cyclicmonophosphate	Nucleotide derivates
PT0111	Adenosine 3'-monophosphate	Nucleotide derivates
PT0209	Adenosine O-ribose	Nucleotide derivates
PT0143	Cytidine	Nucleotide derivates

续表 3-1

Index	Component Name	class
PT0579	Cytidine-5′-diphosphate	Nucleotide derivates
PT0122	Guanine	Nucleotide derivates
PT0182	Guanosine	Nucleotide derivates
PT0168	Guanosine 5′-monophosphate	Nucleotide derivates
PT0226	N2, N2-Dimethyguanosine	Nucleotide derivates
PT0225	N2, N2-Dimethylguanosine	Nucleotide derivates
PT0606	Orotidine 5′-monophosphate	Nucleotide derivates
PT0214	Succinyladenosine	Nucleotide derivates
PT0251	Threonyl carbamoyl adenosine	Nucleotide derivates
PT0172	Uridine	Nucleotide derivates
PT0183	Xanthosine	Nucleotide derivates
PT0050	2-Aminoisobutyric acid	Organic acids and derivatives
PT0094	4-Guanidinobutanoate	Organic acids and derivatives
PT0136	a-Aminoadipate	Organic acids and derivatives
PT0102	Argininosuccinate	Organic acids and derivatives
PT0109	DL-Pipecolinic acid	Organic acids and derivatives
PT0221	D-Pantothenic acid	Organic acids and derivatives
PT0271	Sinapoyl malate	Organic acids and derivatives
PT0320	Tuberonic acid hexoside	Organic acids and derivatives
PT0342	5-Methoxy-N, N-dimethyltryptamine	Phenolamine
PT0085	Agmatine	Phenolamine
PT0082	Agmatine Sulfate	Phenolamine
PT0334	N′, N″-DiSinapoylspermidine	Phenolamine
PT0249	N-Feruloyl putrescine	Phenolamine
PT0207	N-Feruloylspermidine	Phenolamine
PT0267	N-p-Coumaroylputrescine derivative	Phenolamine
PT0175	N-p-Coumaroylspermidine	Phenolamine
PT0240	Spermidine	Phenolamine
PT0007	Spermine	Phenolamine
PT0004	Spermine	Phenolamine

续表 3-1

Index	Component Name	class
PT0278	DHZROG	Phytohormones
PT0259	DZ9G	Phytohormones
PT0554	IAA-Val	Phytohormones
PT0273	Kinetin	Phytohormones
PT0242	Methoxyindoleacetic acid	Phytohormones
PT0224	Methoxyindoleacetic acid	Phytohormones
PT0217	trans-zeatin N-glucoside	Phytohormones
PT0277	trans-Zeatin riboside-O-glucoside	Phytohormones
PT0484	trans-Zeatin-9-glucoside	Phytohormones
PT0091	trans-Zeatin-O-glucoside	Phytohormones
PT0215	tZ9G	Phytohormones
PT0276	tZROG	Phytohormones
PT0127	2-Hydroxycinnamic acid	Polyphenol
PT0270	3,4-Dihydroxybenzaldehyde	Polyphenol
PT0546	3,4-dihydroxycinnamic acid	Polyphenol
PT0206	Benzamidine	Polyphenol
PT0283	Caffeic acid	Polyphenol
PT0417	Ferulic acid	Polyphenol
PT0309	Ferulic acid O-hexoside	Polyphenol
PT0275	N-Feruloylserotonin	Polyphenol
PT0530	p-Coumaric acid	Polyphenol
PT0321	Phellodenol H O-hexoside	Polyphenol
PT0514	Phloretin	Polyphenol
PT0316	Sinapic acid	Polyphenol
PT0539	Catechin	Proanthocyanidins
PT0567	Apo-13-zeaxanthinone	Terpenoid
PT0587	Diosgenin	Terpenoid
PT0556	Gibberellin A53	Terpenoid
PT0493	Integrifoside A	Terpenoid
PT0252	Ixoside	Terpenoid

续表 3-1

Index	Component Name	class
PT0573	Kolavic acid	Terpenoid
PT0559	Phytocassane C	Terpenoid
PT0575	Phytocassane D	Terpenoid
PT0622	Polygodial	Terpenoid
PT0601	Polypodine B	Terpenoid
PT0179	5-Hydroxytryptophan	Tryptamines and derivatives
PT0305	5-Methoxy-N,N-dimethyltryptamine	Tryptamines and derivatives
PT0268	5-Methoxytryptamine	Tryptamines and derivatives
PT0005	N-Acetyltryptamine	Tryptamines and derivatives
PT0077	N-Benzoyltryptamine	Tryptamines and derivatives
PT0261	Tryptamine	Tryptamines and derivatives
PT0190	4-Pyridoxic acid O-hexoside	Vitamine
PT0052	Choline	Vitamine
PT0274	Folic acid	Vitamine
PT0210	Folic_Acid	Vitamine
PT0185	Isonicotinamide	Vitamine
PT0011	NAM-hex-p	Vitamine
PT0037	NAMN-p	Vitamine
PT0075	Niacin	Vitamine
PT0186	Niacinamide	Vitamine
PT0106	Nicotianamine	Vitamine
PT0153	Nicotinic acid	Vitamine
PT0177	Nicotinoylcholine	Vitamine
PT0223	Pantothenic acid	Vitamine
PT0151	Pyridoxine	Vitamine
PT0149	Pyridoxine O-glucoside	Vitamine
PT0049	Thiamin	Vitamine
PT0319	Vitamin B2	Vitamine

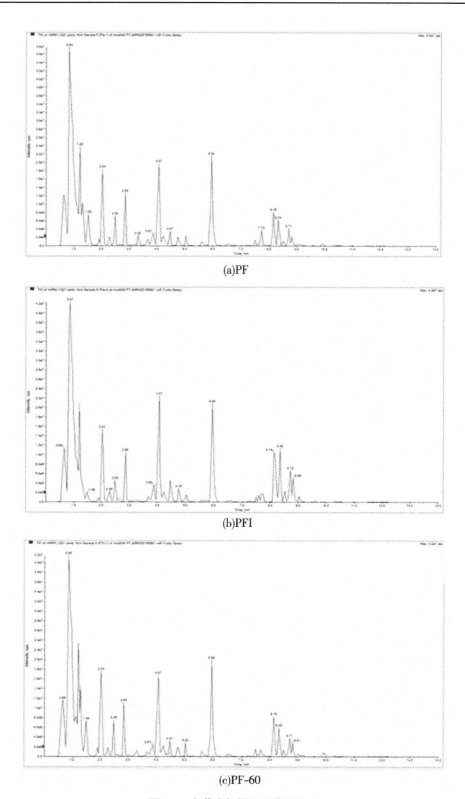

(a)PF

(b)PFI

(c)PF-60

图 3-1　白花泡桐样品总离子流图

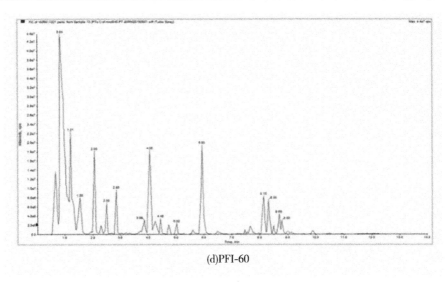

(d)PFI-60

续图 3-1

二、白花泡桐样本的质控分析

（一）总离子流图进行重叠展示分析

为判断代谢物提取和检测的重复性，我们对白花泡桐不同质控 QC 样本质谱检测分析的总离子流图进行重叠展示分析（见图 3-2）。结果显示，代谢物检测总离子流的曲线重叠性高，即保留时间和峰强度均一致，表明质谱对同一样品不同时间检测时，信号稳定性较好。

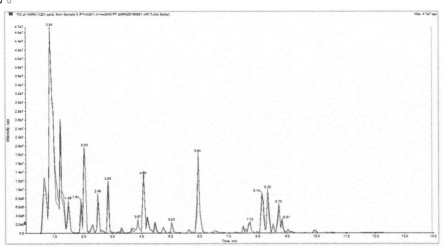

图 3-2　白花泡桐 QC 样本质谱检测 TIC 重叠图

（二）主成分分析

我们对白花泡桐代谢组数据（包括质控样品）进行主成分分析，以初步了解各组样本之间的总体代谢差异和组内样本之间的变异度大小。本研究共获得 2 个主成分，累积 $R^2 X = 0.762$，$Q^2 = 0.567$，从图 3-3 中可以看出 MMS 处理前后的白花泡桐健康苗和患丛枝病苗明显分离趋势，表明 4 组样品之间的代谢物有显著差异。此外，两个 QC 样品几乎完全重合,表明泡桐样品质谱检测分析时较为稳定,数据重复性和可信度较高。

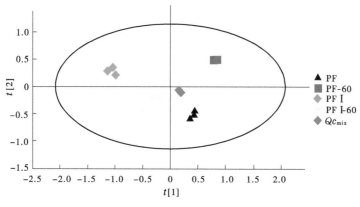

图 3-3　白花泡桐各样品间代谢组数据 PCA 分析

三、白花泡桐丛枝病发生相关代谢物分析

为了进一步挖掘白花泡桐不同样品之间的差异代谢物,并确定与丛枝病发生相关的潜在代谢物,我们对 PCA 分析得到的差异主成分数据进行 PLS – DA 分析(见图 3-4)。PLS – DA 得分图显示每两组样品之间明显分离,且组内明显聚类,进一步表明每两组样品的代谢组数据差异显著,表明当前 PLS – DA 模型解释和预测数据能力较好。同时,对 PLS – DA 进行模型验证(见图 3-5),PLS – DA 模型排列试验($n = 200$)中左端任何一次随

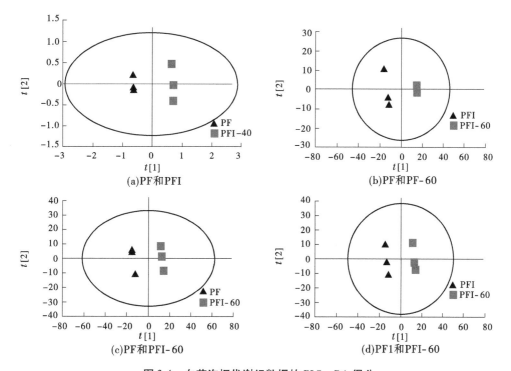

图 3-4　白花泡桐代谢组数据的 PLS – DA 得分

机排列产生的 R^2、Q^2 值均小于右端的原始数值,表明每两组样品的原始模型的预测能力大于任何一次随机排列 y 变量的预测能力,即模型未过拟合,可以根据 VIP 值进行后续差异代谢物筛选。依据差异代谢物的定义标准(fold change ≥ 2 或 fold change ≤ 0.5,且 VIP ≥ 1),将鉴定到的 645 个代谢物在 PFI/PF、PFI-60/PFI、PF-60/PF 及 PFI-60/PF 这 4 组比对中进行分析,结果见表 3-2。为进一步筛选出与泡桐丛枝病发生密切相关的代谢物,根据分析方案,在 PFI/PF 中,有 109 个响应植原体感染的差异代谢物(51 个上调、58 个下调),主要涉及类黄酮、植物激素、生物碱及氨基酸衍生物;在 PFI-60/PF 中,有 297 个非差异的代谢物,经分析,这些代谢物主要参与了类黄酮、多酚、氨基酸衍生物及氨酰 – tRNA 等的生物合成;通过对比,在这两组比对中差异的代谢物有 321 个,主要是类黄酮和氨基酸衍生物等代谢物。在 PFI-60/PFI 中,有 94 个响应植原体感染的差异代谢物(70 个上调、24 个下调),主要是类黄酮、植物激素、氨基酸和碳水化合物等;在 PF-60/PF 中,共 102 个差异代谢物(44 个上调、58 个下调),这些代谢物主要涉及类黄酮、植物激素、氨基酸衍生物和多酚类化合物;通过比较分析,在这两组比对中差异代谢物有 144 个。通过与上述 321 个代谢物取交集得到了 99 个可能与丛枝病发生密切相关的代谢物(见图 3-6、表 3-2)。

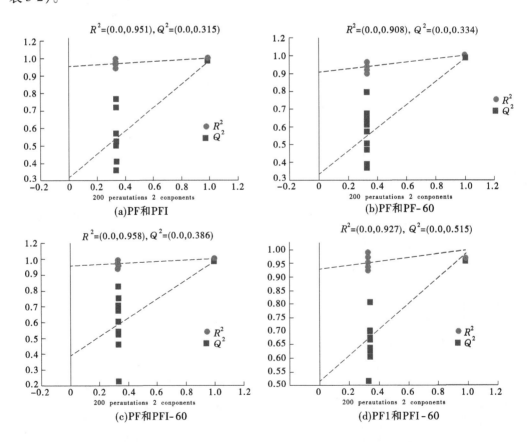

图 3-5　白花泡桐代谢组数据的 PLS – DA 模型验证

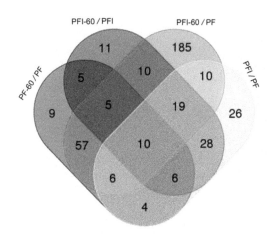

图 3-6　白花泡桐与丛枝病发生相关代谢物

　　进一步分析发现这些代谢物参与了激素合成及类黄酮的生物合成,研究表明植物激素的不平衡可能是导致丛枝症状发生的主要原因。在本研究中,IAA 及其螯合物含量在丛枝病苗中差异表达明显。这与我们之前的研究结果一致,表明泡桐丛枝病的发生可能与生长素含量变化相关。同时,有报道指出类黄酮类物质可作为抗氧化剂在植物响应生物胁迫中起重要作用。当植原体感染植物时,植物体内活性氧大量迸发,以激活植物的防御系统,但大量的活性氧能对植物细胞和基因结构造成损坏,类黄酮类物质则可以作为抗氧化剂在此过程中发挥重要作用。这些结果表明,植原体感染激活了植物的防御反应并扰乱了植物的代谢过程,进一步诱导了抗氧化剂含量的增加及植物激素的不平衡。

四、代谢组与转录组关联分析

　　通过 UPLC－MS/MS 代谢组学分析发现,与丛枝病发生相关的代谢物主要涉及激素合成和类黄酮的生物合成。代谢物是基因表达的最终产物,为研究代谢物在丛枝病发生过程中所起的作用,本研究将代谢组分析结果与全长转录组数据分析结果进行进一步的关联分析。在全长转录组研究中,植物激素信号转导(Plant Hormone Singal Transduction)途径中参与编码生长素信号转导的转录本 AFR(Auxin Response Factor)(PAU024212.1)在丛枝病苗中表达量下调,但不明显,可以推测这可能与游离生长素的含量减少有关,而在代谢组研究中,生长素螯合物 IAA-GLU-N-ASP 的含量在植原体感染后的丛枝病幼苗中增多,这说明全长转录组的研究结果与 UPLC－MS/MS 分析结果相一致。此外,在全长转录组分析中,参与编码赤霉素代谢的转录本赤霉素 2－β 氧化酶(GA2ox)(novel_model_288_58b93621)在植原体感染的泡桐幼苗内表达量上调,但在代谢组中赤霉素的含量表达下调,但是变化不明显,这说明植原体感染后泡桐体内的内源性植物激素代谢失衡,这可能是导致其出现丛枝和矮小症状的主要原因。

表 3-2 白花泡桐丛枝病发生相关代谢物

index	Component Name	comparsion			classfied
		PFI/PF	PFI-60/PFI	PF-60/PF	
PT0134	L-Methionine	—	0.49	—	Amino acid
PT0197	Homocystine	11.14	0.48	—	Amino acid derivative
PT0019	Ornithine	3.18	—	2.04	Amino acid derivative
PT0466	Coniferyl aldehyde	—	2.04	—	Benzene and Benzenoids
PT0076	Trehalose	—	2.48	—	Carbohydrates
PT0453	3',4',5'-Tricetin 5-O-hexoside	0.01	45.38	—	Flavonoid
PT0492	3',4',5'-Tricetin O-malonylhexoside	0.04	10.82	—	Flavonoid
PT0106	Nicotianamine	—	—	2.23	Vitamine
PT0476	3',4',5'-Tricetin O-rutinoside	0.08	4.59	—	Flavonoid
PT0450	Apigenin O-malonylhexoside	7.69	0.42	—	Flavonoid
PT0186	Niacinamide	—	—	0.41	Vitamine
PT0522	Chrysoeriol	0.01	14.99	—	Flavonoid
PT0447	Chrysoeriol O-feruloylhexosyl-O-hexoside	0.01	7.48	—	Flavonoid
PT0383	C-pentosyl-apigenin O-hexoside	6.26	0.46	—	Flavonoid
PT0592	Acephate	—	—	2.01	drug
PT0082	Agmatine Sulfate	—	—	2.16	Phenolamine
PT0371	Hesperidin	0.01	37.12	—	Flavonoid
PT0491	methylChrysoeriol 5-O-hexoside	10.98	0.442	—	Flavonoid
PT0322	Pelargonin O-hexosyl-O-hexoside	11.09	0.22	—	Flavonoid
PT0394	Petunidin 3-O-rutinoside	0.05	8.382	—	Flavonoid

续表 3-2

index	Component Name	comparsion			classfied
		PFL/PF	PFI-60/PFI	PF-60/PF	
PT0567	Apo-13-zeaxanthinone	—	—	0.33	Terpenoid
PT0283	Caffeic acid	—	—	2.8	Polyphenol
PT0404	Selgin O-hexoside	0.01	57.13	—	Flavonoid
PT0448	Tricetin O-hexoside	0.02	4.51	—	Flavonoid
PT0470	Tricetin O-malonylhexoside	0.01	9.37	—	Flavonoid
PT0077	N-Benzoyltryptamine	—	—	3.19	Tryptamines and derivatives
PT0187	N-Hydroxy-L-tryptophan	—	—	2.04	Amino acid derivative
PT0119	Noradrenaline	—	—	2.12	others
PT0433	Tricin 7-O-hexoside	0.10	2.39	—	Flavonoid
PT0267	N-p-Coumaroylputrescine derivative	—	—	2.14	Phenolamine
PT0406	Papaverine	—	—	0.46	Alkaloids
PT0321	Phellodenol H O-hexoside	—	—	7.27	Polyphenol
PT0150	Phenylglycine	—	—	0.37	Amino acid derivative
PT0505	Tricin	0.04	8.74	—	Flavonoid
PT0339	Tricin 5-O-hexosyl-O-hexoside	0.01	20.43	—	Flavonoid
PT0437	Tricin O-rhamnosyl-O-malonylhexoside	0.01	31.75	—	Flavonoid
PT0373	methylApigenin C-hexoside	—	2.39	—	Flavonoid
PT0457	Selgin O-hexoside derivative	—	2.20	—	Flavonoid
PT0315	1-methoxyindole-3-carbaldehyde	—	0.48	—	Indoles and derivatives
PT0468	IAA	0.32	2.11	—	Indoles and derivatives

续表 3-2

index	Component Name	comparsion			classfied
		PFI/PF	PFI-60/PFI	PF-60/PF	
PT0639	Linoleic acid	0.07	5.41	—	Lipids
PT0643	1-Methyladenosine	4.68	0.46	—	Nucleotide derivates
PT0112	Adenine	—	3.26	—	Nucleotide derivates
PT0320	Tuberonic acid hexoside	5.66	—	0.25	Organic acids and derivatives
PT0641	Biflorin	0.11	3.03	—	others
PT0635	Protopine	3.41	—	2.82	others
PT0272	Esculin	—	0.39	—	others
PT0175	N-p-Coumaroylspermidine	0.14	2.32	—	Phenolamine
PT0417	Ferulic acid	0.16	2.91	—	Polyphenol
PT0319	Vitamin B2	—	2.07	—	Vitamine
PT0128	1-Adamantanamine	—	—	0.46	drug
PT0250	6'-dihydroxy-4-methoxychalcone-4'-O-neohesperidoside	—	—	84.81	Flavonoid
PT0499	2", 6"-O-Diacetyloninin	—	—	0.19	others
PT0029	2'-Deoxyinosine-5'-monophosphate	—	—	2.09	Nucleotide derivates
PT0546	3,4-dihydroxycinnamic acid	—	—	0.39	Polyphenol
PT0403	O-methylQuercetin O-hexoside	0.01	51.83	—	Flavonoid
PT0013	4-Acetamidoantipyrin	—	—	0.48	drug
PT0562	5,7-Dimethoxyflavanone	—	—	0.41	Flavonoid
PT0179	5-Hydroxytryptophan	—	—	2.61	Tryptamines and derivatives
PT0538	9,17-Octadecadiene-12,14-diyne-1,11,16-triol	—	—	0.38	Lipids

续表 3-2

index	Component Name	comparsion			classfied
		PFI/PF	PFI-60/PFI	PF-60/PF	
PT0544	Aminophylline	—	—	0.36	Alkaloids
PT0500	Apigenin	9.05	0.32	—	Flavonoid
PT0539	Catechin	—	—	0.39	Proanthocyanidins
PT0196	Inosine	11.11	0.49	—	others
PT0324	Chinese bittersweet alkaloid II	—	—	0.23	Alkaloids
PT0047	Colchicine	—	—	2.06	Alkaloids
PT0458	C-pentosyl-apeignin O-feruloylhexoside	—	—	4.02	Flavonoid
PT0143	Cytidine	—	—	0.34	Nucleotide derivates
PT0537	Epicatechin O-hexoside derivative	—	—	0.03	Flavonoid
PT0561	Etoposide	—	—	2.48	drug
PT0612	LPC(1-acyl 18:3)	2.59	—	2.66	Lipids
PT0309	Ferulic acid O-hexoside	—	—	4.29	Polyphenol
PT0528	Fusaric acid	—	—	4.50	others
PT0122	Guanine	—	—	0.48	Nucleotide derivates
PT0168	Guanosine5'-monophosphate	—	—	0.38	Nucleotide derivates
PT0346	Hesperetin	—	—	2.41	Flavonoid
PT0121	IAA-Asp-N-Glc	18.11186742	0.080947712	0.49	Indoles and derivatives
PT0185	Isonicotinamide	—	—	0.41	Vitamine
PT0598	LPC(1-acyl 16:1)	—	—	2.41	Lipids
PT0563	LPC(1-acyl 16:2)	—	—	2.8	Lipids

续表 3-2

index	Component Name	comparsion			classfied
		PFI/PF	PFI-60/PFI	PF-60/PF	
PT0618	LPC (1-acyl 18:1)	—	—	2.05	Lipids
PT0600	LPC (1-acyl 18:2)	—	—	2.82	Lipids
PT0296	Lycoperodine	—	—	0.41	others
PT0224	Methoxyindoleacetic acid	—	—	2.01	Phytohormones
PT0360	Methylisohaenkeanoside	—	—	0.32	others
PT0318	mal-tyr-p	0.017579737	15.25613661	—	others
PT0103	N-acetylneuraminic acid	—	—	2.69	others
PT0566	Nandrolone	—	—	0.33	drug
PT0601	Polypodine B	—	—	2.15	Terpenoid
PT0531	Senecionine	—	—	4.48	others
PT0080	Serotonin	—	—	2.28	Amino acid derivative
PT0060	sn-Glycero-3-phosphocholine	—	—	3.38	Lipids
PT0340	Tricin O-hexosyl-O-hexoside	0.011498708	8.707865169	—	Flavonoid
PT0545	Theobromine	—	—	0.47	Alkaloids
PT0049	Thiamin	—	—	4.13	Vitamine
PT0389	Tricin 4'-O-(β-guaiacylglyceryl) ether 5-O-hexoside	—	—	3.37	Flavonoid
PT0414	Tricin 4'-O-(β-guaiacylglyceryl) ether derivative	—	—	4.45	Flavonoid
PT0212	Trigonelline	—	—	2.05	Alkaloids
PT0261	Tryptamine	—	—	0.40	Tryptamines and derivatives

次生代谢物在植物生命活动过程中发挥着重要的作用,类黄酮是次生代谢物的一大类,可由肉桂酸经肉桂酸 – 4 – 单加氧酶(4-coumarate – CoA ligase,4CL)、苯丙氨酸解氨酶(phenylalanine ammonia – lyase,PAL)、肉桂酸 – 4 – 羟化酶(cinnamate 4-hydroxylase,C4H)及 4 – 香豆酰辅酶 A 连接酶(4-coumarate – CoA ligase,4CL)等酶催化形成 CoA 酯,并进一步转化为类黄酮。在本研究中全长转录组数据分析显示参与该途径的 4 肉桂酸单加氧酶(4-coumarate-CoA ligase,4CL)(novel_model_1187_58b93621)表达量在病苗中增加,这可能诱导下游类黄酮类物质合成增多,而代谢组数据中多数类黄酮在植原体感染的病苗中含量也都增多,如芹菜素(Apigenin)、芹菜素 O – 丙二酰己糖苷(Apigenin O-malonylhexoside)等。研究报道,黄酮类物质主要作为抗氧化剂在植物响应逆境中发挥重要作用,推测当植原体感染泡桐时,泡桐体内活性氧大量迸发,已激活了泡桐的防御系统,但大量的活性氧能对植物细胞和基因结构造成损坏,类黄酮类物质则可以作为抗氧化剂在此过程中发挥重要作用。

第三节 结 论

(1)本研究利用 UPLC – MS/MS 对甲基磺酸甲酯处理前后的泡桐健康苗和患丛枝病苗中的代谢物进行提取和分析,共检测到了 645 种代谢物(已知的有 432 种)。

(2)通过多元统计分析,对鉴定到的差异代谢物进行差异分析,依据差异代谢物的定义标准(fold change≥2 或 fold change≤0.5,且 VIP≥1),将鉴定到的代谢物分别进行比对分析,在 PFI/PF 中,有 109 个响应植原体感染的差异代谢物(51 个上调、58 个下调),PFI-60/PF 中,有 297 个非差异的代谢物;在 PFI-60/PFI 中,有 94 个响应植原体感染的差异代谢物(70 个上调、24 个下调);在 PF-60/PF 中,共 102 个差异代谢物(44 个上调、58 个下调)。

(3)对这些代谢物进行分析,发现有 99 种代谢物可能与丛枝病的发生密切相关,这些代谢物主要涉及类黄酮、IAA、酚类物质等,表明植原体感染植物时,植物的防御反应被激活并扰乱了植物的代谢过程,进一步诱导了抗氧化剂含量的增加及植物激素的不平衡,这些代谢物含量的变化可能与泡桐丛枝病症状的发生有一定的关系。

(4)通过与全长转录组和代谢组关联分析发现,生长素、赤霉素等内源植物激素和类黄酮物质的变化可能与丛枝病症状发生及防御反应的激活有密切关系。

第四章　泡桐丛枝病发生与 DNA 甲基化

DNA 甲基化是最重要的表观遗传修饰形式,它是在 DNA 甲基转移酶(DMT)催化下,将 S - 腺苷基甲硫氨酸(SAM)上的甲基基团连接到 DNA 分子腺嘌呤碱基或胞嘧啶碱基上的过程,是一种酶促的化学修饰过程(Singal et al. ,1999;Dubey et al. ,2017),是真核生物中最重要的表观遗传修饰之一,在生物过程中发挥着关键作用,如基因表达调控、肿瘤发生、胚胎发育、病毒感染和抗病防御等(Elhamamsy et al. ,2016;Sow et al. ,2018;Walker et al. ,2018)。已有研究表明在植物中,DNA 甲基化水平变化会导致形态异常(Yao et al. ,2017)。当植物遭受环境胁迫时,植物基因组 DNA 甲基化可迅速、动态地对胁迫做出反应,弥补了高度稳定的 DNA 序列对逆境响应的不足(彭海等,2009;潘丽娜等,2013)。对于病原感染的植物来说,当宿主被病原体侵入时,基因的表达通过 DNA 甲基化水平或模式的变化来调节,导致相关信号传导途径的激活或抑制,并引发针对病原体的一系列生理和生化反应(Alexander et al. ,2007;Dowen and Ecker, 2012)。

在泡桐 - 植原体的相互作用中,前期通过 HPLC 和 MSAP 检测出了被植原体感染的泡桐的 mCG 甲基化水平发生了变化(Cao et al. ,2014a;Cao et al. ,2014b;Fan et al. ,2007),然而 HPLC 在检测甲基化位点方面存在一些局限性;虽然 MSAP 可以确定 CCGG 位点,但非 CCGG 位点的一些胞嘧啶甲基化无法检测到,这样很容易失去一些重要的甲基化位点,而且一些含有 M / E 或 H / E 接头的冗余条带也会影响结果的统计。然而,一个单碱基分辨率的 DNA 甲基组可以发现之前未检测到的 DNA 甲基化位点(mCHG 和 mCHH),它不仅可以提供整个 DNA 甲基化图谱,还可以提供甲基化程度变化以及每个序列在基因组水平上的分布(Ryan et al. ,2008)。为了准确评价泡桐丛枝病发生不同阶段的甲基化变化,本研究采用全基因组甲基化测序(WGBS)技术,借助 20 mg/L 和 60 mg/L MMS 通过不同时间点处理白花泡桐丛枝病组培苗(模拟植原体入侵泡桐和在泡桐体内逐渐消失过程)研究丛枝病发病不同阶段的甲基化变化;同时又采用 30 mg/L 和 100 mg/L 利福平在不同时间点处理白花泡桐丛枝病组培苗(模拟植原体入侵泡桐和在泡桐体内逐渐消失过程)研究丛枝病发病不同阶段的甲基化变化,获得丛枝病发病过程中的甲基化图谱、甲基化水平和模式的变化以及碱基偏好性,并对 2 种试剂处理的不同比较组间的甲基化区域进行统计。针对不同比较组间的 DMR 中的甲基化基因比较,获得丛枝病发病相关基因,然后对这些基因进行 GO 和 KEGG 分析,以获取这些甲基化基因参与的代谢通路,该结果为研究泡桐丛枝病发生的表观遗传机制提供了新的见解。

第一节　材料与方法

一、试验材料及处理

本章所用试验材料参照第二章,根据前期预实验,从第二章中提取 PF、PFI、20 mg/L MMS 处理及恢复的幼苗 4 个(PFI20-10、PFI20-30、PFI20R-20、PFI20R-40)、60 mg/L MMS 处理的幼苗 4 个(PFI60 – 5、PFI60-10、PFI60-15、PFI60-20)进行 MMS 处理苗的全基因组甲基化测序分析;从第二章中提取 PF、PFI、30 mg/L 利福平处理及恢复的幼苗 4 个(PFIL30-10、PFIL30-30、PFIL30R-20、PFIL30R-40)、100 mg/L 利福平处理的幼苗 4 个(PFIL100-5、PFIL100-10、PFIL100-15、PFIL100-20)进行利福平处理苗的全基因组甲基化测序分析。本章所用的样品与第二章所用样品为同一批次处理的样品。

二、试验方法

(一)样品 DNA 提取

所有样品的 DNA 提取采用 QIAamp Fast DNA Tissue Kit (Qiagen, Dusseldorf, Germany)的方法进行,具体操作按照说明书进行,从 60 mg/L MMS 和 20 mg/L MMS 的不同时间点的顶芽中分别提取 DNA 样本。然后进行 DNA 质量检测,步骤如下:① 取 5 μL DNA 溶液 1% 琼脂糖、1 × TAE 缓冲溶液电泳(电压 120 ~ 180 V)检测,单一条带说明 DNA 完整无降解,有明显的条带说明浓度可以满足 PCR 要求;② 分光光度计检测浓度和纯度,取 1 μL 检 OD 值,OD 260/280 在 1.7 ~ 2.0,说明 DNA 质量较好,小于 1.7 有蛋白质污染,大于 2.0 有 RNA 污染。一般有少量的蛋白质与 RNA 污染不影响普通 PCR,质量检测符合上述标准的样品用于甲基化分析。

(二)全基因组甲基化文库构建及测序

1. DNA 片段化

将上述质检合格的样品采用超声波将 DNA 进行片段化,然后进行下一步 Bisulfite 转换(Zhong et al. ,2013)。

2. 重亚硫酸盐转化

重亚硫酸盐转化方法按照 Accel-NGS Methyl-Seq DNA 文库试剂盒(Swift,MI,USA)说明书进行。转化产物存放于 – 80 ℃备用。

3. 3′接头连接

首先将所用试剂放置冰上解冻(酶除外,使用时再从 – 20 ℃冰箱拿出);PCR 仪 95 ℃预热备用;取 15 μL 转化产物到 200 μL PCR 管中。转化后 DNA 样品在 PCR 仪上 95 ℃变性 2 min,然后直接放置冰上 2 min,备用;按照表 4-1 配制反应体系,将 25 μL Reaction Mix 与 15 μL 变性 DNA 样品混匀。

然后在 PCR 仪中进行连接反应程序:37 ℃ 15 min,然后 95 ℃ 2 min,最后 4 ℃保存。

表 4-1　　重亚硫酸盐转化产物的连接体系

	Reagent	Vol per Reaction(μL)
预混反应体系	Low EDTA TE	11.5
	Buffer G1	4
	Reagent G2	4
	Reagent G3	2.5
使用前加入	Enzyme G4	1
	Enzyme G5	1
	Enzyme G6	1
	Reaction Mix	25
	样本 DNA	15
	总计	43

4. 二链延伸与产物纯化

将 3′接头连接产物从 PCR 仪中取出,配制二链延伸反应液(见表 4-2)。

表 4-2　　连接产物的延伸体系

Reagent	Vol per Reaction(μL)
Reagent Y1	2
Reagent Y2	42
Adaptase Reaction	40
总计	84

将二链延伸反应液加入上一步的接头连接体系中,轻微涡旋混匀。在 PCR 仪中进行以下反应程序:98 ℃ 1 min,然后 62 ℃ 2 min,其次 65 ℃ 5 min,最后 4 ℃保存。

5. 产物纯化

首先按照表 4-3 配制连接反应体系,产物纯化及 5′接头连接与产物纯化方法参照 Zhong 等(2013)。

表 4-3　　产物纯化体系

	Reagent	Vol per Reaction(μL)
预混反应体系	Buffer B1	3
	Reagent B2	10
使用前加入	Enzyme B3	2
	Reaction Mix	15
	延伸纯化产物	15
	总计	30

6. 文库扩增(甲基化建库需加入 λDNA 作为质控,掺入比率为 5‰)与纯化

将 5 μL 带有 index 的扩增引物直接加入 Step 5 的连接产物中;参照表 4-4 配制表 4-4 所示文库扩增反应体系。

表 4-4 甲基化文库扩增反应体系

	Reagent	Vol per Reaction(μL)
预混反应体系	Low EDTA TE	10
	Buffer R1	10
	Reagent R2	4
使用前加入	Enzyme R3	1
	Reaction Mix	25
	纯化产物 + index Primers	25
	总计	51

加入 25 μL 文库扩增反应体系中,轻微涡旋混匀。在 PCR 仪中进行以下反应程序: 98 ℃ 30 s,PCR Cycles(循环数依据 DNA 总量而定,具体参照表 4-5)98 ℃ 10 s,然后 60 ℃ 30 s,其次 68 ℃ 60 s,最后 4 ℃ 保存。

表 4-5 甲基化文库扩增循环数参照表

Input	Insert Size	PCR Cycles
100 ng	350 bp	4 ~ 6
10 ng	350 bp	7 ~ 9
1 ng	350 bp	11 ~ 13
100 pg	350 bp	14 ~ 16
5 ng	165 bp (cfDNA)	7 ~ 9
100 ng	200 bp	11 ~ 13
10 ng	200 bp	14 ~ 16
1 ng	200 bp	17 ~ 19

取反应产物,转移至 1.5 mL 离心管中,加入 40 μL LCS beads 吹打 10 次混匀;室温放置 5 min;将上述离心管置于磁力架 5 min,至液体澄清为止,弃上清液;将离心管留在磁力架上加入 200 μL 新鲜配制的 80% 乙醇,30 s 后弃上清液(注意不要扰动磁珠);再次加入 200 μL 新鲜配制的 80% 乙醇,30 s 后弃上清液;将离心管留在磁力架上,室温干燥 5 ~ 10 min;加入 16 μL 10 mM Tris,吹打 10 次混匀,室温放置 2 min;将离心管置于磁力架 5 min,至液体澄清为止,吸取 15 μL 上清液至新的 200 μL PCR 管。文库 Qubit 定量,然后在杭州联川 Illumina Hiseq 4000 平台上进行了 pair-end 2×150 bp 测序。

(三)测序数据预处理

测序下机的数据为 raw reads,为了进一步的生物信息学分析(见图 4-1),首先对 raw

reads 进行处理。在这一过程中,由于下机原始数据中可能含有测序接头序列(建库过程中引入)和低质量的测序数据(由测序仪器本身产生),使用 cutadapt(Martin 2011)和内部的 perl 脚本去除接头(adaptor),低质量碱基和未确定碱基的读数以获得 clean reads。为了确保准确、可信的分析结果,需要对原始数据进行预处理,得到有效数据(valid data),以用于后续的信息分析。预处理步骤如下:①去除含 adaptor 的 reads;②去除含有 N 的比例大于 5% 的 reads;③去除低质量 reads(质量值 $Q \leqslant 10$ 的碱基数占整个 reads 的 20%);④统计原始测序量、有效测序量,以及 Q20、Q30、GC 含量。

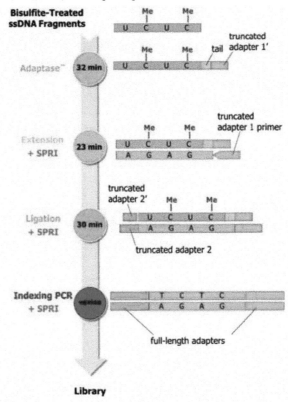

图 4-1　全基因组甲基化分析流程

(四)与参考基因组比对

采用 WALT 软件将高质量的 clean read 比对到参考基因组(Chen et al.,2016),对预处理后的有效测序数据(valid data)进行参考基因组序列比对,使用 Samtool 软件进一步对重复的 reads 进行过滤(Li et al.,2009),分析基因组比对结果。

(五)样本相关性分析

采用 PCA 分析样品的分布情况,以评估生物学重复样品的均一性。

(六)全基因组甲基化水平和模式统计

甲基化位点就是胞嘧啶环的 5′ 碳加上了(—CH$_3$)甲基,用重亚硫酸盐处理,甲基化的 C 是不发生变化的,未甲基化 C 脱氨基变成 U,经 pcr 变成 T。对于白花泡桐基因组中的胞嘧啶位点,DNA 甲基化水平由 house 和 MethPipe 中支持 C（甲基化）的 reads 数与总 reads（甲基化和未甲基化）之比来确定（Qiang et al.,2013）。在该读数的基础上,进行 2 种 MMS 浓度处理苗样品的甲基化水平(mCG、mCHG 或 mCHH)统计。为了准确检测整个基因组的甲基化水平,使用 1 000 bp 窗(window)滑入基因区域,500 bp 的 overlap(重叠)分析染色体上 mCG、mCHG 和 mCHH 序列的 DNA 甲基化水平,依据每条染色体中 reads 上出现的 3 种甲基化的类型(≥1),统计样品的甲基化模式。

（七）碱基偏好性分析和甲基化图谱绘制

根据 3 种类型甲基化水平进行碱基偏好性分析,采用 R package 进行全基因组甲基化图谱和小提琴图的绘制(Zhang et al.,2013)。

（八）差异甲基化区域分析及 DMR 相关基因的 GO 和 KEGG 富集分析

为了明确基因组上功能元件的甲基化基因分布变化情况,选取基因间区(intergenetic)、启动子区(promoter)、外显子区(exon)和内含子区(intron)进行进一步分析。本研究以每个基因的 pre-2 kb 区域定义为启动子(promoter)区域,转录终止位置(TES)是该基因最后一个 exon 的位置。差异甲基化区域(DMR)统计采用 R package-MethylKit 进行(Akalin et al.,2012),默认参数为(1 000 bp 滑窗,$p < 0.05$)。通过不同样品基因组内相同区域的甲基化差异比率来计算 DMR。如果比值 > 1,则 DMR 被认为是高甲基化的;如果计算值 <1,则 DMR 被认为是低甲基化的。选择显著甲基化区域($p < 0.05$)用于 GO 和 KEGG 分析。

第二节　结果与分析

一、MMS 处理对白花泡桐丛枝病幼苗 DNA 甲基化的影响

（一）MMS 处理对白花泡桐丛枝病幼苗的甲基化测序数据统计

经 Illumina Hiseq 4000 平台对 2 种浓度 MMS 在不同时间点的 10 个样品进行测序,结果产出 100 910 022（PFI）、101 228 580（PFI_1）、107 645 878（PFI_2）、118 263 864（PF）、102 737 224（PF_1）、99 230 768（PF_2）、99 557 668（PFI60_5）、108 540 624（PFI60_5_1）、116 237 160（PFI60_5_2）、127 790 448（PFI60_10）、114 597 960（PFI60_10_1）、115 282 506（PFI60_10_2）、104 752 776（PFI60_15）、106 327 474（PFI60_15_1）、118 570 434（PFI60_15_2）等原始数据(见表 4-6)。然后去除低质量 reads 和未确定碱基之后,获得有效 reads。最后将 10 个样品的有效 reads 比对到白花泡桐基因组上,30 个结果的比对率均在 40% ~60%,覆盖率分别见表 4-7。为了进一步评估生物重复样品的均一性,又进行了 PCA 分析,结果表明样品的重复性较好(见图 4-2),可用于下游生物信息学分析。

表 4-6　MMS 处理幼苗经 WGBS 测序产生的数据统计

Sample	Raw Data		Valid Data		Q20(%)	Q30(%)	GC(%)
	Read	Base(G)	Read	Base(G)			
PFI	100 910 022	15.14	97 970 014	9.8	95.57	91.69	20.49
PFI_1	101 228 580	15.18	97 987 600	9.8	95.34	91.29	20.89
PFI_2	107 645 878	16.15	104 544 904	10.45	95.46	91.36	20.53
PF	118 263 864	17.74	113 968 326	11.4	94.28	89.18	21.65
PF_1	102 737 224	15.41	99 090 698	9.91	95.26	91.11	21.68
PF_2	99 230 768	14.88	95 822 304	9.58	94.55	89.7	21.83
PFI60_5	99 557 668	15.00	91 194 658	9.12	92.86	87.95	24.2
PFI60_5_1	108 540 624	16.28	98 116 042	9.81	93.83	89.07	22.54
PFI60_5_2	11 6237 160	17.44	105 899 056	10.59	92.89	86.57	23.43
PFI60_10	127 790 448	19.17	112 047 572	11.20	91.36	84.67	25.72
PFI60_10_1	114 597 960	17.19	100 343 710	10.03	91.85	86.16	25.06
PFI60_10_2	115 282 506	17.29	96 673 026	9.67	93.08	88.2	23.76
PFI60_15	104 752 776	15.71	91 981 408	9.20	91.79	86.6	25.36
PFI60_15_1	106 327 474	15.95	91 111 800	9.11	92.99	88.1	24.29
PFI60_15_2	118 570 434	17.79	102 000 042	10.20	92.8	87.73	23.83
PFI60_20	115 919 876	17.39	107 697 784	10.77	93.78	89.65	23.47
PFI60_20_1	161 423 316	24.21	100 346 002	10.03	93.78	89.6	23.44
PFI60_20_2	120 390 444	18.06	107 474 118	10.75	94.54	90.59	23.16
PFI20_10	102 716 760	15.41	81 751 608	8.10	98.21	95.59	19.02
PFI20_10_1	337 545 654	50.63	107 874 398	14.90	97.05	93.21	18.47
PFI20_10_2	131 432 204	19.85	126 897 082	12.59	98.76	96.95	19.18
PFI20_30	192 457 100	28.87	94 271 858	13.05	97.09	93.27	18.68
PFI20_30_1	130 464 224	19.57	96 334 728	13.29	96.19	91.23	18.59
PFI20_30_2	177 591 670	26.64	97 414 798	13.48	97.37	93.8	18.83
PFI20R_20	133 680 016	20.05	104 934 668	14.52	97.72	94.24	19.01
PFI20R_20_1	123 222 172	18.48	104 002 056	10.33	98.27	95.69	19.42
PFI20R_20_2	178 418 768	26.76	102 568 984	14.20	97.4	93.85	18.85
PFI20R_40	122 868 446	18.43	111 402 516	11.03	97.54	94.56	19.44
PFI20R_40_1	193 034 580	19.30	101 092 326	10.02	98.39	95.78	19.64
PFI20R_40_2	101 620 298	15.24	90 380 936	8.94	96.96	93.43	19.29

表 4-7　MMS 处理幼苗的甲基化数据映射到基因组

Sample	Total read pairs	Unique mapped reads	Unique reads mapping rate(%)	Duplication reads	Duplication rate(%)	mean of C coverage (%)	≥5xC coverage (%)	≥10xC coverage (%)	≥15xC coverage (%)
PFI	100 910 022	43 371 127	42.98	8 143 439	8.07	18.21	5.37	1.81	0.77
PFI_1	101 228 580	42 951 286	42.43	8 098 286	8.00	18.08	5.28	1.77	0.75
PFI_2	107 645 878	46 147 788	42.87	9 881 892	9.18	18.23	5.81	2.06	0.9
PF	118 263 864	61 875 654	52.32	9 059 012	7.66	23.42	9.62	2.99	1.14
PF_1	102 737 224	54 841 130	53.38	7 540 912	7.34	22.95	8.33	2.33	0.85
PF_2	99 230 768	51 857 999	52.26	7 670 538	7.73	22.51	7.84	2.15	0.77
PFI60_5	91 194 658	38 813 768	42.56	4 193 331	4.60	22.26	5.38	1.46	0.56
PFI60_5_1	98 116 042	44 614 661	45.47	5 207 680	5.31	23.00	6.40	1.97	0.78
PFI60_5_2	105 899 056	46 113 285	43.54	5 792 249	5.47	23.2	6.57	2.04	0.81
PFI60_10	112 047 572	43 445 488	38.77	7 003 081	6.25	20.44	4.96	1.66	0.75
PFI60_10_1	100 343 710	39 870 201	39.73	6 026 030	6.01	20.00	4.55	1.46	0.66
PFI60_10_2	96 673 026	40 856 227	42.26	6 218 765	6.43	20.26	4.73	1.54	0.69
PFI60_15	91 981 408	35 425 539	38.51	5 404 885	5.88	20.56	3.60	1.02	0.46
PFI60_15_1	91 111 800	37 202 021	40.83	5 893 725	6.47	20.78	3.82	1.12	0.52
PFI60_15_2	102 000 042	41 917 434	41.1	6 842 493	6.71	21.58	4.44	1.37	0.63
PFI60_20	107 697 784	53 185 824	49.38	5 776 492	5.36	25.44	9.15	2.70	0.92
PFI60_20_1	100 346 002	49 660 284	49.49	5 253 220	5.24	25.08	8.50	2.36	0.79
PFI60_20_2	107 474 118	54 270 059	50.5	6 398 494	5.95	25.52	9.29	2.79	0.97
PFI20_10	81 751 608	46 426 151	56.79	9 893 108	12.10	22.04	5.74	1.26	0.40
PFI20_10_1	107 874 398	48 791 381	45.23	7 861 808	7.29	24.96	10.66	4.02	1.58
PFI20_10_2	126 897 082	71 549 886	56.38	16 940 875	13.35	24.46	9.10	2.93	1.05
PFI20_30	94 271 858	43 616 781	46.27	6 544 865	6.94	26.70	10.85	2.82	0.83
PFI20_30_1	96 334 728	43 972 347	45.65	5 227 049	5.43	27.00	11.61	3.17	0.95
PFI20_30_2	97 414 798	45 095 214	46.29	7 745 237	7.95	26.73	10.83	2.77	0.81
PFI20R_20	104 934 668	47 888 104	45.64	11 630 392	11.08	24.12	8.44	2.68	0.98
PFI20R_20_1	104 002 056	59 024 315	56.75	13 622 989	13.10	23.72	7.14	1.95	0.68
PFI20R_20_2	102 568 984	46 406 692	45.24	8 763 922	8.54	24.67	9.34	3.23	1.23
PFI20R_40	111 402 516	60 128 622	53.97	8 485 636	7.62	24.68	8.81	3.12	1.28
PFI20R_40_1	101 092 326	55 417 119	54.82	7 862 935	7.78	24.25	8.09	2.67	1.04
PFI20R_40_2	90 380 936	48 233 754	53.37	5 850 907	6.47	23.34	7.19	2.21	0.83

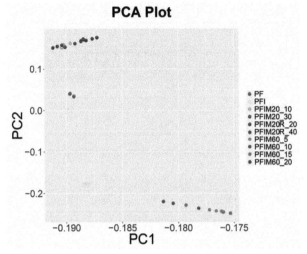

图 4-2　MMS 处理样品甲基化测序数据的 PCA 分析

（二）全基因组甲基化水平和模式统计

基于全基因组甲基化测序，本研究对 60 mg/L 和 20 mg/L MMS 在不同时间点处理苗的甲基化水平和模式进行了统计，甲基化水平结果如表 4-8 所示，PFI 甲基化水平比 PF 甲基化水平高；在 60 mg/LMMS 处理苗中，随着处理时间的延长，DNA 甲基化的总体水平逐渐降低，且 20 d 时幼苗形态恢复为健康状态时的甲基化水平与健康苗对照的甲基化水平相近；在 20 mg/L MMS 处理苗中，甲基化水平也是逐步降低的，在随后的继代过程中（低浓度恢复 20 ~ 40 d）甲基化水平又逐渐升高，此时甲基化水平比病苗 PFI 略高，可能是 MMS 试剂处理引起的。该结果说明丛枝病的发生与甲基化水平升高有关。

表 4-8　不同 MMS 处理样品的甲基化水平分析

Sample	mC percent（%）	Sample	mC percent（%）
PF	20.44	PFI60_20	20.68
PF_1	20.32	PFI60_20_1	20.82
PF_2	20.53	PFI60_20_2	21.11
PFI	23.38	PFI20_10	21.77
PFI_1	23.42	PFI20_10_1	20.38
PFI_2	23.46	PFI20_10_2	21.59
PFI60_5	24.72	PFI20_30	19.99
PFI60_5_1	24.95	PFI20_30_1	19.62
PFI60_5_2	24.87	PFI20_30_2	19.87
PFI60_10	23.19	PFI20R_20	22.80
PFI60_10_1	22.81	PFI20R_20_1	23.68
PFI60_10_2	22.91	PFI20R_20_2	22.59
PFI60_15	21.65	PFI20R_40	25.51
PFI60_15_1	21.38	PFI20R_40_1	25.59
PFI60_15_2	21.67	PFI20R_40_2	25.62

在本研究统计的 10 个样品的甲基化模式中,根据 mCG、mCHG 和 mCHH 位点所在 read 数统计,结果如表 4-9 所示,植原体侵染泡桐后,mCHH 类型由 50.64% 上升到 53.00%。10 个样品在同一时间点均以 mCHH 的甲基化类型比例最高,其次是 mCG,最少的为 mCHG。但是每种甲基化类型比例随着样品的形态变化不一致,mCG 类型的变化随着幼苗逐渐转变为健康状态,该类型的甲基化比例逐渐降低,mCHG 类型随 MMS 处理变化呈现的规律不明显,mCG 类型变化趋势一定程度上与 mCHH 相反。

表 4-9　不同 MMS 处理样品的甲基化模式分析　　　　　　　　　（%）

Sample	mCG	mCHG	mCHH	Sample	mCG	mCHG	mCHH
PF	27.69	21.62	50.69	PFI60_20	29.82	22.49	47.70
PF_1	27.78	21.64	50.59	PFI60_20_1	29.94	22.48	47.58
PF_2	27.68	21.66	50.65	PFI60_20_2	30.12	22.58	47.30
PFI	25.41	21.61	52.98	PTIM20_10_1	29.40	22.35	48.25
PFI_1	25.37	21.58	53.05	PTIM20_10_2	28.48	22.84	48.68
PFI_2	25.34	21.68	52.98	PTIM20_10_3	29.12	22.36	48.52
PFI60_5	23.10	19.70	57.21	PTIM20_30_1	27.89	21.36	50.75
PFI60_5_1	23.01	19.90	57.10	PTIM20_30_2	27.74	21.26	51.00
PFI60_5_2	22.95	19.86	57.19	PTIM20_30_3	28.07	21.35	50.58
PFI60_10	25.31	21.87	52.82	PTIM20R_20_1	28.16	21.90	49.94
PFI60_10_1	25.45	21.88	52.67	PTIM20R_20_2	28.93	21.51	49.56
PFI60_10_2	25.54	22.08	52.37	PTIM20R_20_3	27.80	21.88	50.32
PFI60_15	26.14	21.59	52.27	PTIM20R_40_1	26.16	20.38	53.46
PFI60_15_1	26.18	21.73	52.10	PTIM20R_40_2	26.46	20.43	53.12
PFI60_15_2	26.06	21.72	52.22	PTIM20R_40_3	26.03	20.32	53.65

在 MMS 高浓度处理的幼苗中,mCHH 类型随着处理时间的延长(10 d 到 20 d),该类型的甲基化比例逐渐降低,由 52.62% 降到 47.53%,mCG 类型变化趋势则与 mCHH 相反,随着处理时间的延长(10 d 到 20 d),该类型的甲基化比例由 21.93% 升到 29.96%;在 MMS 低浓度处理的幼苗中,mCHH 类型随着处理时间的延长(10 d 到恢复 40 d),该类型的甲基化比例逐渐升高,由 48.48% 升到 53.41%,mCG 类型变化趋势则与 mCHH 相反,随着处理时间的延长(10 d 到恢复 40 d),该类型的甲基化比例由 29.00% 降到 26.22%。该结果说明了丛枝病的发生与 mCHH 类型变化关系更密切。

(三)碱基偏好性分析和甲基化图谱绘制

根据 60 mg/L 高浓度和 20 mg/L 低浓度 MMS 处理不同时间幼苗所呈现出的这 3 种甲基化模式在各个染色体上的分布情况,统计每个样品的碱基偏好性(见图 4-3),结果显示 mCG 类型的甲基化水平最高,其次是 mCHG,最后是 mCHH。该结果说明泡桐感染植原体后发生的甲基化偏向于 mCG 类型。

根据上述碱基偏好性分析,按照 reads 数中的甲基化位点进行统计,然后采用 R package 进行甲基化图谱绘制(见图 4-4),结果显示每个样品的 mCG 甲基化水平最高,即该类型的位点出现的频率比较高,其次是 mCHG,最后是 mCHH。

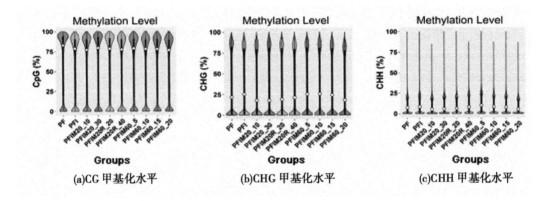

(a)CG 甲基化水平　　　　(b)CHG 甲基化水平　　　　(c)CHH 甲基化水平

图 4-3　MMS 处理幼苗的碱基偏好性

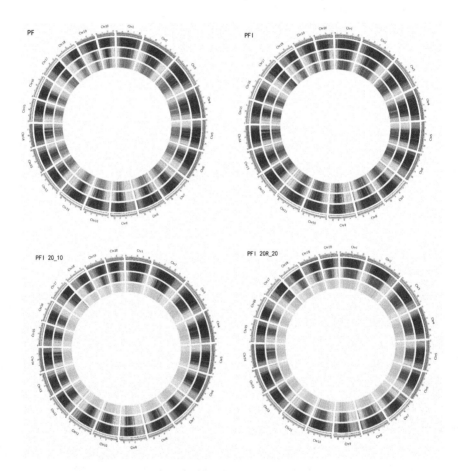

图 4-4　MMS 处理苗 mCs 在泡桐染色体上的分布

从外往里数最外一圈是对应染色体标度呈现,随后的三圈(从外到内)分别表示 mCG、mCHG、
mCHH 的甲基化水平(分别对应紫色、蓝色和绿色,颜色越深表示甲基化水平越高)。

(四)差异甲基化区域分析

本研究对不同比较组间的 DMR 进行了统计,结果如表 4-10 所示。在统计 DMR 的过

表 4-10　MMS 处理的样品的甲基化基因在不同比较组间 DMR 分布

Segments		PFI20_10VSPFI		PFI20_30VSPFI		PFI20_R20VSPFI		PFI20_R40VSPFI		PFI60_10VSPFI60_5		PFI60_15VSPFI60_10		PFI60_20VSPFI60_15		PFI60_30VSPFI20_10		PFI20R_20VSPFI20_30		PFI20R_40VSPFI20R_20	
		hyper	hypo	hyper	hypo	hyper	hypo	hyper	hypo	hyper	hypo	hyper	hypo	hyper	hypo	hyper	hypo	hyper	hypo	hyper	hypo
Total # promoters		17 066	124 146	15 831	104 855	11 612	98 620	18 353	63 225	24 279	50 491	12 964	23 386	10 359	114 784	50 713	25 412	28 825	23 987	59 589	11 554
Proximal	HCP	1 268	6 977	1 010	5 661	731	5 413	914	3 688	1 742	2 150	712	1 338	648	6 411	2 655	1 488	1 483	1 432	2 752	796
Proximal	ICP	2 717	13 088	2 246	10 895	1 494	9 986	2 019	6 418	3 354	4 240	1 232	2 285	1 441	12 026	4 663	3 183	2 850	2 476	5 077	1 386
Proximal	LCP	2 033	8 362	1 574	6 940	1 095	6 198	1 478	3 876	2 159	2 793	842	1 336	1 002	7 906	2 969	2 037	1 739	1 524	3 276	945
Intermediate	HCP	1 031	9 758	947	8 461	793	8 094	1 269	5 409	1 770	4 224	1 090	1 982	717	9 102	4 225	1 875	2 341	2 015	5 103	903
Intermediate	ICP	2 290	17 060	2 158	14 621	1 584	13 776	2 641	8 718	3 627	6 631	1 806	3 335	1 446	15 800	6 582	3 814	4 231	3 307	8 308	1 618
Intermediate	LCP	1 700	10 481	1 536	8 863	1 199	8 030	1 721	5 037	2 186	4 092	1 046	1 785	988	9 931	4 058	2 210	2 370	1 924	4 852	1 049
Dist	HCP	1 202	14 902	1 354	12 667	1 049	12 496	1 901	8 213	2 046	7 305	1 775	2 967	938	13 796	7 026	2 562	3 534	3 088	8 106	1 132
Dist	ICP	2 722	26 894	2 979	22 735	2 119	21 625	3 881	13 735	4 529	11 721	2 745	5 462	1 883	24 481	11 676	5 083	6 426	5 176	13 893	2 317
Dist	LCP	2 103	16 624	2 027	14 012	1 548	13 002	2 529	8 131	2 866	7 335	1 716	2 896	1 296	15 331	6 859	3 160	3 851	3 045	8 222	1 408
Total # exons		19 298	66 799	14 576	57 703	9 078	49 306	10 619	32 175	17 822	18 521	6 116	10 155	9 167	58 339	21 841	18 827	14 164	11 817	21 914	7 757
first exon		5 120	21 744	3 699	18 224	2 605	16 475	3 355	10 727	5 789	6 735	2 099	3 760	2 523	20 234	7 407	5 517	4 599	3 968	8 045	2 412
internal exon		9 890	30 108	7 769	26 175	4 404	21 398	4 919	13 799	7 823	7 324	2 598	3 737	4 429	25 197	9 573	8 726	5 892	5 237	8 776	3 388
last exon		4 288	14 947	3 108	13 304	2 069	11 433	2 345	7 649	4 210	4 462	1 419	2 658	2 215	12 908	4 861	4 584	3 673	2 612	5 093	1 957
Total # intron		14 114	46 804	11 007	40 307	6 430	33 836	7 379	22 041	12 194	12 100	4 094	6 365	6 609	39 606	14 996	13 102	9 316	8 132	14 303	5 329
first intron		3 103	12 554	2 457	10 254	1 505	9 269	1 874	6 053	3 235	3 654	1 159	1 907	1 555	11 126	4 299	3 065	2 371	2 320	4 217	1 384
internal intron		7 620	22 712	6 131	19 765	3 375	15 950	3 703	10 186	5 747	5 201	1 909	2 594	3 337	18 757	7 099	6 534	4 326	3 849	6 339	2 530
last intron		3 391	11 538	2 419	10 288	1 550	8 617	1 802	5 802	3 212	3 245	1 026	1 864	1 717	9 723	3 598	3 503	2 619	1 963	3 747	1 415
Total # intergenic		85 421	889 286	106 474	656 560	73 536	607 998	184 781	273 791	96 515	485 650	71 328	148 783	49 577	853 600	402 083	123 412	172 539	147 044	509 169	48 848
Total # CGI		7 364	24 681	5 950	20 280	5 441	18 762	7 305	11 807	6 286	10 986	2 842	5 820	4 645	24 120	10 968	6 958	7 730	4 819	12 791	3 183
promoter CGI		993	4 128	649	3 586	547	3 313	693	2 216	1 191	1 473	493	905	460	4 069	1 585	1 126	1 035	757	1 792	498
intragenic CGI		1 086	4 936	757	4 169	629	3 972	838	2 651	1 192	1 887	647	974	513	4 768	1 943	1 296	1 220	961	2 263	503
3'-transcript CGI		298	1 263	197	1 001	175	975	225	639	378	411	146	280	181	1 236	457	321	284	240	536	147
intergenic CGI		4 987	14 354	4 347	11 524	4 090	10 502	5 549	6 301	3 525	7 215	1 556	3 661	3 491	14 047	6 983	4 215	5 191	2 861	8 200	2 035
Total # CGI shore		3 328	19 781	3 198	16 555	2 563	15 270	4 218	9 318	3 558	9 572	2 042	4 163	2 104	18 646	8 921	4 291	5 155	3 884	10 781	1 878
promoter CGI shore		552	4 214	500	3 707	388	3 509	583	2 325	855	1 855	490	924	326	4 022	1 840	908	1 054	911	2 193	406
intragenic CGI shore		220	777	162	686	112	611	171	392	232	249	71	172	100	733	255	238	201	145	323	96
3'-transcript CGI shore		114	442	94	411	73	343	83	227	135	141	48	89	51	431	147	134	117	71	183	63
intergenic CGI shore		2 442	14 348	2 442	11 751	1 990	10 807	3 381	6 374	2 336	7 327	1 433	2 978	1 627	13 460	6 679	3 011	3 783	2 757	8 082	1 313

程中,按照相对 TSS(Transcript Start Site)的位置分为近端 proximal(−200～500 bp)、中端 intermediate (−200～1 000 bp)、远端 distal (−1 000～2 200 bp)三类。同时又根据启动子 CpG O/E 值的不同将启动子区的序列再进一步细分为低、中、高(LCPs、ICPs 和 HCPs)三类。结果显示,不同比较组间 DMR 的数目差别较大,启动子中端 intermediate 的 DMR 数量最多。

(五)甲基化基因的功能分析

通过 2 种 MMS 浓度处理不同时间点幼苗间的比较,共筛选出 9 292 个 DMR。在这些 DMR 中,相同甲基化基因 369 935 个,有 13 358 个基因有功能注释。为了进一步获得这些甲基化基因的功能和参与的代谢通路,本研究首先将这些甲基化基因进行 GO 分类(见表 4-11),结果显示,甲基化基因主要被富集到 1 098 GO term (见图 4-5),其中主要集中在细胞膜(628)、转录、DNA 模板(447)、线粒体(308)、细胞质(296) GO term 中。

不同比较组间共有的甲基化基因进行 KEGG pathway 富集分析(见图 4-6),发现甲基化的基因主要集中在剪接(351)、氨基糖和核苷酸糖代谢(189)、真核生物中的核糖体生物发生(157)、谷胱甘肽代谢(93)、核苷酸切除修复(86)、吞噬(55)、二苯乙烯、二芳基庚烷和姜辣素生物合成(52)、倍半萜类化合物和三萜类化合物的生物合成(45)、异喹啉生物碱生物合成(43)等途径(见表 4-12)。

表 4-11　MMS 处理不同样品的甲基化基因的 GO 功能分类

GO_function	GO_Term	gene number	P − value
biological_ process	transcription, DNA − templated	447	0.34
	cell wall organization	133	0.65
	defense response	113	0.61
	ethylene-activated signaling pathway	89	0.78
	signal transduction	84	0.50
	biological_process	60	0.95
	proteolysis involved in cellular protein catabolic process	59	0.25
	response to jasmonic acid	53	0.94
	protein transport	52	0.70
	small GTPase mediated signal transduction	50	0.50
	carbohydrate metabolic process	46	0.26
	ubiquitin-dependent protein catabolic process	45	0.58
	glutathione metabolic process	42	0.05
	proteasome-mediated ubiquitin-dependent protein catabolic process	38	0.60
	intracellular signal transduction	38	0.94
	brassinosteroid homeostasis	35	0.29
	oxidation-reduction process	33	1.00
	protein polyubiquitination	30	0.79
	cytoplasmic translation	29	0.10
	RNA-dependent DNA biosynthetic process	29	0.16

续表 4-11

GO_function	GO_Term	gene number	P-value
cellular_component	plasma membrane	628	0.48
	mitochondrion	308	1.00
	cytoplasm	296	0.60
	chloroplast	259	0.94
	membrane	109	0.36
	vacuole	108	0.04
	endoplasmic reticulum membrane	96	0.98
	nucleus	93	0.45
	cytosolic large ribosomal subunit	62	0.24
	integral component of plasma membrane	61	0.06
	integral component of membrane	60	0.60
	cell wall	50	0.42
	intracellular	49	0.00
	SNARE complex	39	0.86
	cytosol	39	0.64
	cell periphery	37	0.30
	nucleolus	36	0.66
	endoplasmic reticulum	35	0.70
	peroxisome	35	0.15
	endomembrane system	32	0.16
molecular_function	molecular_function	196	0.98
	transcription factor activity, sequence – specific DNA binding	124	0.99
	protein kinase activity	105	0.64
	structural constituent of ribosome	99	0.06
	nucleotide binding	96	0.08
	quercetin 3 – O-glucosyltransferase activity	70	0.99
	protein binding	68	0.05
	monooxygenase activity	65	0.34
	dioxygenase activity	62	0.41
	polysaccharide binding	53	0.73
	kinase activity	52	0.36
	transferase activity, transferring acyl groups other than amino-acyl groups	46	0.80
	ATPase activity	43	0.01
	lipase activity	41	0.09
	transaminase activity	39	0.01
	hydrolase activity, acting on ester bonds	38	0.88
	peroxidase activity	37	0.90
	oxidoreductase activity, oxidizing metal ions	34	0.58
	beta-glucosidase activity	32	0.03
	transferase activity	30	0.56

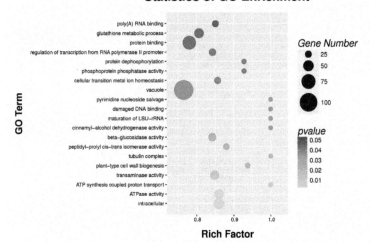

图 4-5　MMS 处理样品的甲基化基因的 GO 分析

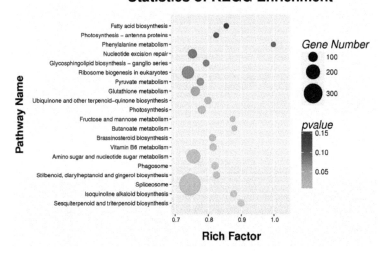

图 4-6　MMS 处理样品的甲基化基因的 KEGG 分析

二、利福平处理对白花泡桐丛枝病幼苗 DNA 甲基化的影响

(一)利福平处理苗的 DNA 甲基化测序结果分析

前期的研究显示,使用 100 mg/L 利福平分别处理患泡桐丛枝病的白花泡桐幼苗,能使其恢复健康状态。因此,我们用 100 mg/L 利福平试剂处理患病的泡桐幼苗,分别取 5 d、10 d、15 d、20 d 四个时间点的泡桐幼苗作为试验材料,其中高浓度利福平处理 20 d 时,检测不到植原体;又使用 30 mg/L 利福平试剂处理患病的泡桐幼苗,取 10 d、30 d 以及转 1/2MS 培养基 20 d 和 40 d 这 4 个时间点的泡桐幼苗作为试验材料进行研究。为了评估白花泡桐病健苗利福平处理苗的 DNA 甲基化变化,使用 WGBS 方法分别产出各样品的原

表 4-12　MMS 处理不同样品的部分甲基化基因的 KEGG pathway 富集分析

pathway_name	S gene number	pvalue
Sesquiterpenoid and triterpenoid biosynthesis	45	0.00
Isoquinoline alkaloid biosynthesis	43	0.00
Spliceosome	351	0.01
Stilbenoid, diarylheptanoid and gingerol biosynthesis	52	0.01
Phagosome	55	0.01
Amino sugar and nucleotide sugar metabolism	189	0.02
Vitamin B6 metabolism	53	0.02
Brassinosteroid biosynthesis	48	0.03
Butanoate metabolism	22	0.03
Fructose and mannose metabolism	21	0.04
Photosynthesis	68	0.05
Ubiquinone and other terpenoid-quinone biosynthesis	48	0.05
Glutathione metabolism	93	0.06
Pyruvate metabolism	56	0.08
Ribosome biogenesis in eukaryotes	157	0.08
Glycosphingolipid biosynthesis-ganglio series	35	0.10
Nucleotide excision repair	86	0.10
Phenylalanine metabolism	6	0.11
Photosynthesis-antenna proteins	19	0.12
Fatty acid biosynthesis	12	0.15
Biotin metabolism	18	0.15
Homologous recombination	61	0.15
beta – Alanine metabolism	71	0.16
Biosynthesis of amino acids	8	0.19
Tropane, piperidine and pyridine alkaloid biosynthesis	14	0.19

始数据,然后去除低质量碱基和未确定碱基的读数之后,获得了 91 819 938(PFIL100_5)、92 846 476(PFIL100_5_1)、93 997 612(PFIL100_5_2)、96 277 386(PFIL100_10)、101 596 062(PFIL100_10_1)、95 471 214(PFIL100_10_2)的 clean reads,其他样品的测序数据见表 4-13。其中有近一半的 clean reads 成功映射到白花泡桐基因组上,覆盖率曲线和覆盖率分别显示在图 4-7 和表 4-14 中。为了进一步评估生物重复样品的均一性,又进行了 PCA 分析,结果表明样品的重复性较好(见图 4-7),可用于下游生物信息学分析。

(二)全基因组甲基化水平和模式统计

本研究对 2 种浓度的利福平在不同处理时间点处理幼苗的甲基化水平和模式进行了统计,如表 4-15、表 4-16 所示。在利福平高浓度处理的幼苗中,甲基化水平处理随着处理时间的延长,前期实验显示幼苗形态逐渐转变为健康苗,体内检测不到植原体,此时 DNA 甲基化由 21.65% 降为 18.89%。在利福平低浓度处理的幼苗及随后继代中,形态观察显示幼苗先呈现健康状态,然后在继代过程中幼苗出现丛枝病状态,在低浓度处理百花泡桐幼苗的整个过程中植原体的数目先减少后增加,此时 DNA 甲基化由 22.72% 降为 16.72% 再升到 29.04%。

表 4-13　利福平处理幼苗经 WGBS 测序产生的数据统计

Sample	Raw Data		Valid Data		Q20(%)	Q30(%)	GC(%)
	Read	Base(G)	Read	Base(G)			
PFI	100 910 022	15.14	97 970 014	9.80	95.57	91.69	20.49
PFI_1	101 228 580	15.18	97 987 600	9.80	95.34	91.29	20.89
PFI_2	107 645 878	16.15	104 544 904	10.45	95.46	91.36	20.53
PF	118 263 864	17.74	113 968 326	11.40	94.28	89.18	21.65
PF_1	102 737 224	15.41	99 090 698	9.91	95.26	91.11	21.68
PF_2	99 230 768	14.88	95 822 304	9.58	94.55	89.70	21.83
PFIL100_5	100 482 596	15.07	91 819 938	9.18	94.87	90.22	21.19
PFIL100_5_1	103 144 376	15.47	92 846 476	9.28	95.60	91.75	20.90
PFIL100_5_2	102 948 070	15.44	93 997 612	9.40	95.24	91.22	21.50
PFIL100_10	100 139 826	15.02	96 277 386	9.63	95.18	91.22	22.65
PFIL100_10_1	110 514 960	16.58	101 596 062	10.16	94.37	88.94	22.44
PFIL100_10_2	105 435 438	15.82	95 471 214	9.55	95.31	91.27	22.21
PFIL100_15	124 848 388	18.73	111 866 170	11.19	92.12	85.53	24.77
PFIL100_15_1	103 501 714	15.53	99 199 796	9.92	92.70	87.20	24.43
PFIL100_15_2	110 734 488	16.61	93 175 250	9.32	92.62	86.97	24.36
PFIL100_20	106 789 910	16.02	100 215 086	10.02	94.68	90.39	20.96
PFIL100_20_1	113 007 566	16.95	104 212 304	10.42	95.55	91.75	20.80
PFIL100_20_2	104 427 888	15.66	98 297 430	9.83	94.44	89.87	21.17
PFIL30_10	198 221 352	19.82	111 607 726	11.04	97.59	94.65	19.11
PFIL30_10_1	159 422 166	23.91	97 389 698	13.43	96.31	91.46	18.57
PFIL30_10_2	137 921 412	20.69	100 267 914	13.86	97.68	94.12	19.07
PFIL30_30	249 658 396	37.45	98 592 582	13.54	97.34	93.84	18.81
PFIL30_30_1	172 655 586	25.90	95 539 596	13.06	96.44	91.77	18.90
PFIL30_30_2	115 672 894	17.35	91 063 518	8.93	97.32	94.14	20.18
PFIL30R_20	119 490 782	17.92	93 673 540	9.23	96.84	93.17	19.85
PFIL30R_20_1	175 210 086	26.28	100 159 618	13.82	96.32	91.50	18.51
PFIL30R_20_2	163 149 900	24.47	106 224 332	14.70	97.54	94.11	18.80
PFIL30R_40	111 397 252	16.71	77 826 192	7.69	98.24	95.64	21.08
PFIL30R_40_1	126 714 358	19.01	95 380 286	9.42	98.20	95.54	21.16
PFIL30R_40_2	187 091 340	28.06	98 999 376	13.65	97.50	94.04	19.46

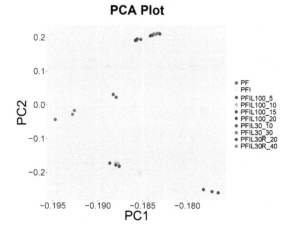

图 4-7　利福平处理的甲基化数据 PCA 分析

表 4-14　利福平处理的甲基化数据映射到基因组

Sample	Total read pairs	Unique mapped reads	Unique reads mapping rate(%)	Duplication reads	Duplication rate (%)	mean of C coverage (%)	≥2xC coverage (%)	≥5xC coverage (%)	≥10xC coverage (%)	≥15xC coverage (%)
PFI	100 910 022	43 371 127	42.98	8 143 439	8.07	18.21	12.9	5.37	1.81	0.77
PFI_1	101 228 580	42 951 286	42.43	8 098 286	8	18.08	12.72	5.28	1.77	0.75
PFI_2	107 645 878	46 147 788	42.87	9 881 892	9.18	18.23	13.19	5.81	2.06	0.9
PF	118 263 864	61 875 654	52.32	9 059 012	7.66	23.42	19.46	9.62	2.99	1.14
PF_1	102 737 224	54 841 130	53.38	7 540 912	7.34	22.95	18.51	8.33	2.33	0.85
PF_2	99 230 768	51 857 999	52.26	7 670 538	7.73	22.51	17.89	7.84	2.15	0.77
PFIL100_5	91 819 938	44 653 192	48.63	4 691 210	5.11	25.25	19.05	7.19	1.65	0.54
PFIL100_5_1	92 846 476	46 207 486	49.77	5 199 757	5.6	25.35	19.22	7.39	1.73	0.57
PFIL100_5_2	93 997 612	46 005 149	48.94	4 638 262	4.93	25.54	19.5	7.53	1.77	0.59
PFIL100_10	96 277 386	46 890 099	48.7	5 769 679	5.99	26.44	21.04	7.94	1.36	0.4
PFIL100_10_1	101 596 062	49 904 671	49.12	4 997 849	4.92	26.96	21.94	9.34	1.97	0.57
PFIL100_10_2	95 471 214	47 393 665	49.64	4 810 412	5.04	26.68	21.37	8.56	1.68	0.49
PFIL100_15	111 866 170	47 434 377	42.4	6 737 915	6.02	25.58	19.38	6.82	1.55	0.59
PFIL100_15_1	99 199 796	42 887 586	43.23	5 669 805	5.72	24.84	18.15	5.93	1.33	0.51
PFIL100_15_2	93 175 250	40 408 331	43.37	5 308 877	5.7	24.45	17.51	5.44	1.18	0.45
PFIL100_20	100 215 086	51 766 595	51.66	5 887 249	5.87	24.09	18.18	8.54	2.64	0.91
PFIL100_20_1	104 212 304	54 996 925	52.77	6 447 429	6.19	24.41	18.65	9.05	2.96	1.05
PFIL100_20_2	98 297 430	50 477 704	51.35	5 750 504	5.85	23.94	17.96	8.3	2.5	0.85
PFIL30_10	111 607 726	60 254 372	53.99	9 070 376	8.13	25.24	19.03	7.97	2.51	1.05
PFIL30_10_1	97 389 698	42 192 567	43.32	6 690 544	6.87	24.75	18.79	7.86	2.43	0.98
PFIL30_10_2	100 267 914	44 596 648	44.48	11 517 327	11.49	23.35	16.82	6.46	1.85	0.72
PFIL30_30	98 592 582	47 152 319	47.83	6 433 858	6.53	27.8	24.25	12.66	2.84	0.71

续表 4-14

Sample	Total read pairs	Unique mapped reads	Unique reads mapping rate(%)	Duplication reads	Duplication rate (%)	mean of C coverage (%)	≥2xC coverage (%)	≥5xC coverage (%)	≥10xC coverage (%)	≥15xC coverage (%)
PFIL30_30_1	95 539 596	45 057 885	47.16	4 930 264	5.16	27.73	24.13	12.44	2.73	0.68
PFIL30_30_2	91 063 518	49 443 744	54.3	5 096 901	5.6	27.57	22.93	9.74	1.67	0.44
PFIL30R_20	93 673 540	48 114 741	51.36	7 479 417	7.98	23.86	16.89	5.9	1.49	0.59
PFIL30R_20_1	100 159 618	42 857 539	42.79	7 982 694	7.97	24.7	18.69	7.55	2.1	0.82
PFIL30R_20_2	106 224 332	46 167 638	43.46	10 719 487	10.09	24.41	18.33	7.45	2.11	0.82
PFIL30R_40	77 826 192	40 396 397	51.91	9 250 884	11.89	18.8	11.33	3.65	1	0.42
PFIL30R_40_1	95 380 286	49 696 089	52.1	11 483 900	12.04	20.33	13.04	4.77	1.48	0.63
PFIL30R_40_2	98 999 376	41 624 858	42.05	9 176 053	9.27	21.39	14.62	6	2.12	0.94

10 个样品的甲基化模式根据 read 数统计如表 4-16 所示。结果显示 10 个样品均以 mCG、mCHG 和 mCHH 为主,且 mCHH 的甲基化模式最多,其次是 mCG,最少的为 mCHG。不同样品间的甲基化模式也有差别,在利福平高浓度处理的幼苗中,mCHH 类型随着处理时间的延长(10 d 到 20 d),该类型的甲基化比例逐渐降低,由 52.54% 降到 51.21%;mCG 类型变化趋势则与 mCHH 相反,随着处理时间的延长(10 d 到 20 d)该类型的甲基化比例由 26.15% 升到 27.62%。在利福平低浓度处理的幼苗中,mCHH 类型随着处理时间的延长(10 d 到恢复 40 d),该类型的甲基化比例逐渐升高,由 49.21% 升到 51.72%;mCG 类型变化趋势则与 mCHH 相反,随着处理时间的延长(10 d 到恢复 40 d),该类型的甲基化比例由 28.73% 降到 27.78%。该结果说明了丛枝病的发生与甲基化水平和模式变化有关。

表 4-15　不同利福平处理样品的 DNA 甲基化水平

Sample	mC percent(%)	Sample	mC percent(%)
PF	20.44	PFIL100_20	23.10
PF_1	20.32	PFIL100_20_1	23.38
PF_2	20.53	PFIL100_20_2	23.18
PFI	23.38	PFIL30_10	22.67
PFI_1	23.42	PFL30_10_2	21.95
PFI_2	23.46	PFIL30_10_2	23.54
PFIL100_5	21.67	PFIL30_30	16.69
PFIL100_5_1	21.72	PFIL30_30_1	16.49
PFIL100_5_2	21.55	PFIL30_30_2	16.98
PFIL100_10	18.36	PFIL30R_20	23.16
PFIL100_10_1	19.39	PFIL30R_20_1	22.46
PFIL100_10_2	19.18	PFIL30R_20_2	23.41
PFIL100_15	18.58	PFIL30R_40	29.41
PFIL100_15_1	19.06	PFIL30R_40_1	29.62
PFIL100_15_2	19.04	PFIL30R_40_2	28.09

表 4-16　不同利福平处理样品的 DNA 甲基化模式分析 （%）

Sample	mCG	mCHG	mCHH	Sample	mCG	mCHG	mCHH
PF	27.69	21.62	50.69	PFIL100_20	27.52	21.15	51.33
PF_1	27.78	21.64	50.59	PFIL100_20_1	27.74	21.21	51.05
PF_2	27.68	21.66	50.65	PFIL100_20_2	27.61	21.14	51.25
PFI	25.41	21.61	52.98	PTIL30_10_1	28.88	21.79	49.33
PFI_1	25.37	21.58	53.05	PTIL30_10_2	28.40	22.19	49.41
PFI_2	25.34	21.68	52.98	PTIL30_10_3	28.90	22.21	48.90
PFIL100_5	24.37	20.60	55.02	PTIL30_30_1	26.92	21.49	51.59
PFIL100_5_1	24.33	20.58	55.10	PTIL30_30_2	26.93	21.48	51.59
PFIL100_5_2	24.44	20.61	54.95	PTIL30_30_3	26.39	21.12	52.49
PFIL100_10	26.60	21.32	52.08	PTIL30R_20_1	27.72	21.36	50.91
PFIL100_10_1	25.87	21.31	52.82	PTIL30R_20_2	27.21	21.76	51.03
PFIL100_10_2	25.99	21.29	52.72	PTIL30R_20_3	27.38	21.87	50.75
PFIL100_15	27.37	22.23	50.39	PTIL30R_40_1	27.85	20.47	51.68
PFIL100_15_1	27.20	22.23	50.58	PTIL30R_40_2	27.75	20.50	51.74
PFIL100_15_2	27.18	22.27	50.55	PTIL30R_40_3	27.75	20.50	51.74

（三）碱基偏好性分析和甲基化图谱绘制

根据 100 mg/L 利福平高浓度试剂不同时间处理的幼苗和经过 30 mg/L 低浓度处理的幼苗所呈现出的这 3 种甲基化模式在各个染色体上的分布情况,统计每个样品的碱基偏好性,3 种类型的甲基化水平如图 4-8 所示,结果显示,mCG 类型的甲基化水平最高,其次是 mCHG,最后是 mCHH。该结果说明泡桐感染植原体后发生的甲基化偏向于 mCG 类型。

根据上述碱基偏好性分析,按照 reads 数中的甲基化位点进行统计,然后采用 R package 进行甲基化图谱绘制(见图 4-9),结果显示,每个样品 mCG 甲基化水平最高,即该类型的位点出现的频率比较高,其次是 mCHG,最后是 mCHH。该结果与碱基偏好性的结果一致。

（四）差异甲基化区域分析

为了解 DNA 甲基化对丛枝病的影响,本研究对不同比较组间的 DMR 进行了统计。首先计算健康苗、病苗以及 100 mg/L 利福平试剂处理苗中的差异 DMR,11 个比较组,分别是 PFIvs. PF、PFIL30_10vs. PFI、PFIL30_30vs. PFI、PFIL30R_20vs. PFI、PFIL30R_40vs. PFI、PFIL100_10vs. PFIL100_5、PFIL100_15vs. PFIL100_10、PFIL100_20vs. PFIL100_15、PFIL30_30vs. PFIL30_10、PFIL30R_20vs. PFIL30_30 以及 PFIL30R_40vs. PFIL30R_20,并对其进行区域分析(见表 4-17),不同比较组间 DMR 的数目差别较大,启动子中端 intermediate 的 DMR 数量最多。

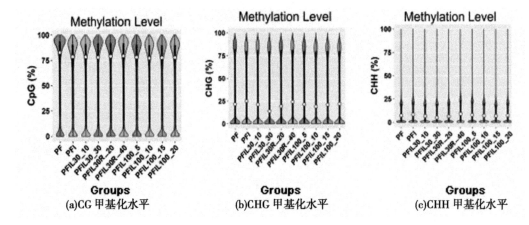

(a)CG 甲基化水平　　　(b)CHG 甲基化水平　　　(c)CHH 甲基化水平

图4-8　利福平处理样品的碱基偏好性分析

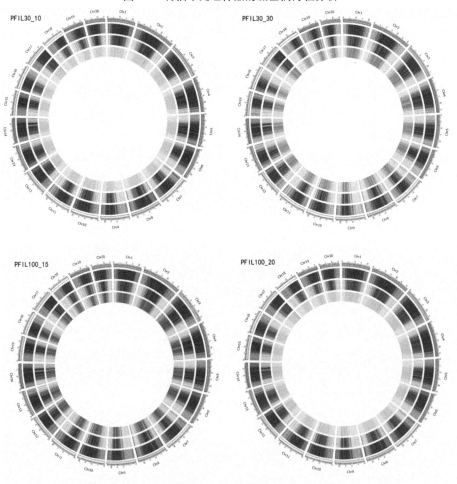

图4-9　利福平处理苗的 mCs 在泡桐染色体上的分布(部分)

从外往里数最外一圈是对应染色体标度呈现,随后的三圈(从外到内)分别表示 mCG、mCHG、
mCHH 的甲基化水平(分别对应紫色、蓝色和绿色,颜色越深表示甲基化水平越高)。

表 4-17　利福平处理样品的甲基化基因在不同比较组间的 DMR 分布

Section		PFIL30_10VSPFI		PFIL30_30VSPFI		PFIL30_R20VSPFI		PFIL30_R40VSPFI		PFIL100_ 10VSPFIL100_5		PFIL100_ 15VSPFIL100_10		PFIL100_ 20VSPFIL100_15		PFIL30 30VSPFIL30_10		PFIL30R_ 20VSPFIL30_30		PFIL30R_ 40VSPFIL30R_20	
		hyper	hypo	hyper	hypo	hyper	hypo	hyper	hypo	hyper	hypo	hyper	hypo	hyper	hypo	hyper	hypo	hyper	hypo	hyper	hypo
Total # promoters		14 609	86 258	19 422	110 878	15 122	85 517	33 650	32 733	10 726	40 578	30 819	21 366	27 221	31 089	23 633	70 998	69 471	22 696	96 292	19 930
Proximal	HCP	879	4 842	1 191	6 488	803	5 084	1 469	2 046	594	2 200	1 835	1 013	1 710	1 521	1 388	4 153	3 896	1 463	5 110	1 337
Proximal	ICP	1 685	9 081	2 974	11 611	1 732	9 269	2 957	3 677	1 308	3 608	2 791	2 268	3 127	2 988	3 373	6 528	6 308	3 424	9 454	2 947
Proximal	LCP	1 059	5 961	2 120	7 347	1 199	5 796	2 043	2 227	754	2 381	1 691	1 467	1 980	1 821	2 341	3 856	3 851	2 235	6 214	2 055
Intermediate	HCP	1 171	6 853	958	9 131	1 128	6 883	2 669	2 689	732	3 790	2 942	1 476	2 221	2 523	1 277	6 673	6 508	1 214	7 757	1 229
Intermediate	ICP	2 128	11 856	2 653	15 300	2 248	11 884	4 706	4 550	1 566	5 696	4 462	2 928	4 045	4 214	3 317	10 070	9 913	3 198	13 411	2 885
Intermediate	LCP	1 293	7 296	1 985	9 147	1 375	7 047	2 892	2 659	918	3 250	2 416	1 754	2 359	2 483	2 323	5 522	5 494	2 171	8 213	2 022
Dist	HCP	1 625	10 371	1 440	13 430	1 570	10 274	4 216	3 963	1 155	5 397	4 061	2 531	2 778	4 359	1 990	9 573	9 314	1 805	11 696	1 538
Dist	ICP	2 882	18 550	3 499	23 870	3 089	18 294	7 936	6 776	2 299	9 012	6 711	4 994	5 673	6 852	4 525	15 702	15 328	4 267	21 390	3 505
Dist	LCP	1 887	11 448	2 602	14 554	1 978	10 986	4 762	4 146	1 400	5 244	3 910	2 935	3 328	4 328	3 099	8 921	8 859	2 919	13 047	2 412
Total # exons		8 638	45 907	20 643	62 887	9 578	46 509	14 197	17 907	6 646	15 522	12 452	11 118	14 686	14 419	19 456	30 427	28 813	19 099	46 038	15 740
first exon		2 712	15 458	4 862	19 831	2 835	15 779	4 657	6 294	2 112	5 992	4 719	3 624	5 261	4 761	5 535	10 815	10 412	5 651	15 663	5 176
internal exon		3 790	19 974	11 123	29 021	4 493	19 876	6 290	7 270	2 792	5 975	4 769	4 748	5 934	6 009	9 646	12 387	11 647	8 953	19 747	6 770
last exon		2 136	10 475	4 658	14 035	2 250	10 854	3 250	4 343	1 742	3 555	2 964	2 746	3 491	3 649	4 275	7 225	6 754	4 495	10 628	3 794
Total # intron		5 895	31 532	15 726	44 171	6 750	31 667	9 613	11 990	4 474	9 877	7 871	7 559	9 434	9 604	14 310	19 744	18 502	13 601	31 150	10 877
first intron		1 532	8 659	3 365	10 995	1 678	8 683	2 487	3 373	1 212	2 974	2 370	2 070	2 605	2 745	3 663	5 382	5 150	3 562	8 580	2 978
internal intron		2 801	14 930	8 791	22 120	3 429	14 672	4 704	5 306	2 013	4 300	3 402	3 434	4 315	4 324	7 428	9 063	8 515	6 703	14 582	4 997
last intron		1 562	7 943	3 570	11 056	1 643	8 312	2 422	3 311	1 249	2 603	2 099	2 055	2 514	2 535	3 219	5 299	4 837	3 336	7 988	2 902
Total # intergenic		70 894	597 311	115 297	741 339	88 762	517 507	367 719	123 399	47 591	332 018	132 150	204 804	245 721	137 675	179 442	373 980	408 346	131 044	803 528	68 220
Total # CGI		5 567	17 786	5 610	23 748	5 723	17 571	10 261	6 578	2 341	9 299	6 453	5 483	9 382	5 490	5 099	16 459	16 509	4 980	22 471	4 699
promoter CGI		675	2 985	754	3 979	660	3 140	1 038	1 290	416	1 396	1 199	738	1 196	946	736	2 627	2 522	810	3 300	932
intragenic CGI		707	3 614	868	4 636	740	3 584	1 277	1 525	450	1 637	1 388	878	1 219	1 245	949	2 960	2 918	988	3 841	1 034
3' transcript CGI		188	885	226	1 191	198	917	329	376	118	365	307	211	355	261	256	709	694	259	979	284
intergenic CGI		3 997	10 302	3 762	13 942	4 125	9 930	7 617	3 387	1 357	5 901	3 559	3 656	6 612	3 038	3 158	10 163	10 375	2 923	14 351	2 449
Total # CGI shore		2 791	13 886	3 335	18 019	3 089	13 396	7 151	4 710	1 583	7 234	4 640	4 076	5 555	4 813	3 694	11 962	11 905	3 318	16 931	2 707
promoter CGI shore		540	3 021	515	3 970	558	3 079	1 159	1 180	364	1 532	1 198	701	1 048	1 124	602	2 899	2 762	554	3 487	637
intragenic CGI shore		125	583	191	702	136	579	210	239	69	222	162	171	210	194	172	399	390	206	615	169
3' transcript CGI shore		75	326	134	401	72	329	109	149	40	124	105	72	131	135	135	236	215	145	357	116
intergenic CGI shore		2 051	9 956	2 495	12 946	2 323	9 409	5 673	3 142	1 110	5 356	3 175	3 132	4 166	3 360	2 785	8 428	8 538	2 413	12 472	1 785

（五）甲基化基因的功能分析

通过 2 种利福平浓度在不同时间点处理幼苗间的比较,共筛选出 10 259 个相同甲基化基因。为了进一步获得这些甲基化基因的功能和参与的代谢通路,本研究首先将这些甲基化基因进行 GO 分类(见表 4-18),结果显示,甲基化基因主要被富集到 1 119 GO term(见图 4-10),其中主要集中在质膜(692)、转录、DNA 模板(491)、线粒体(348)、细胞质(331)GO term 中。

将不同比较组间共有的甲基化基因进行 KEGG pathway 富集分析(见图 4-11),发现甲基化的基因主要集中在胞吞作用(463)、剪接(380)、氨基糖和核苷酸糖代谢(200)、过氧化物酶体(172)、2 - 氧代羧酸代谢(136)、维生素 B6 代谢(58)、泛醌和其他萜类化合物 - 醌生物合成(54)、有机含硒化合物新陈代谢(49)等途径(见表 4-19)。

表 4-18　利福平处理幼苗的部分甲基化基因的 GO 功能分类

GO_function	GO_Term	gene number	Pvalue
biological_ process	transcription，DNA - templated	491	0.40
	cell wall organization	149	0.54
	defense response	130	0.26
	ethylene-activated signaling pathway	95	0.94
	signal transduction	91	0.65
	biological_process	65	0.98
	protein transport	63	0.18
	response to jasmonic acid	62	0.84
	proteolysis involved in cellular protein catabolic process	61	0.61
	small GTPase mediated signal transduction	58	0.20
	carbohydrate metabolic process	50	0.29
	ubiquitin-dependent protein catabolic process	48	0.77
	glutathione metabolic process	47	0.01
	oxidation-reduction process	47	0.55
	intracellular signal transduction	46	0.74
	proteasome-mediated ubiquitin - dependent protein catabolic process	43	0.48
	brassinosteroid homeostasis	37	0.46
	RNA-dependent DNA biosynthetic process	35	0.00
	protein polyubiquitination	32	0.91
	protein ubiquitination	31	0.92

续表 4-18

GO_function	GO_Term	gene number	P-value
cellular_ component	plasma membrane	692	0.52
	mitochondrion	348	0.99
	cytoplasm	331	0.42
	chloroplast	283	0.99
	membrane	115	0.72
	vacuole	114	0.15
	endoplasmic reticulum membrane	113	0.89
	nucleus	95	0.92
	integral component of membrane	70	0.25
	integral component of plasma membrane	68	0.02
	cytosolic large ribosomal subunit	64	0.61
	cell wall	52	0.74
	intracellular	48	0.12
	SNARE complex	47	0.55
	endoplasmic reticulum	46	0.03
	cytosol	43	0.66
	peroxisome	40	0.03
	cell periphery	39	0.50
	nucleolus	37	0.91
	precatalytic spliceosome	36	0.28
molecular_ function	molecular_function	233	0.60
	transcription factor activity, sequence-specific DNA binding	145	0.94
	protein kinase activity	124	0.12
	nucleotide binding	102	0.20
	structural constituent of ribosome	98	0.69
	quercetin 3-O-glucosyltransferase activity	82	0.97
	monooxygenase activity	74	0.13
	protein binding	68	0.44
	dioxygenase activity	65	0.73
	kinase activity	61	0.07
	polysaccharide binding	61	0.53
	transferase activity, transferring acyl groups other than amino – acyl groups	56	0.32
	ATPase activity	44	0.04
	hydrolase activity, acting on ester bonds	44	0.79
	transaminase activity	39	0.13
	oxidoreductase activity, oxidizing metal ions	38	0.53
	lipase activity	37	0.87
	peroxidase activity	36	1.00
	calcium ion binding	34	0.66
	deoxyribodipyrimidine photo – lyase activity	33	0.01

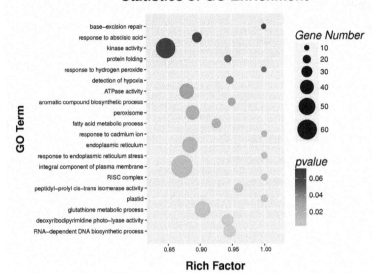

图 4-10　利福平处理获得的甲基化基因的 GO 分析

表 4-19　利福平处理样品的部甲基化基因的 KEGG pathway 富集分析

pathway_name	gene number	P-value
Ubiquinone and other terpenoid-quinone biosynthesis	54	0.01
Vitamin B6 metabolism	58	0.01
Selenocompound metabolism	49	0.02
Peroxisome	172	0.02
Endocytosis	463	0.02
Inositol phosphate metabolism	42	0.03
Spliceosome	380	0.03
Glutathione metabolism	103	0.03
Pentose and glucuronate interconversions	25	0.03
Butanoate metabolism	23	0.05
Glycosphingolipid biosynthesis-ganglio series	38	0.09
Glycerophospholipid metabolism	42	0.09
Brassinosteroid biosynthesis	50	0.10
Amino sugar and nucleotide sugar metabolism	200	0.14
Galactose metabolism	46	0.15
Glycine, serine and threonine metabolism	46	0.15
2-Oxocarboxylic acid metabolism	136	0.16
Stilbenoid, diarylheptanoid and gingerol biosynthesis	52	0.18
Cysteine and methionine metabolism	48	0.19
Pyruvate metabolism	59	0.19
N-Glycan biosynthesis	28	0.19
ABC transporters	136	0.20

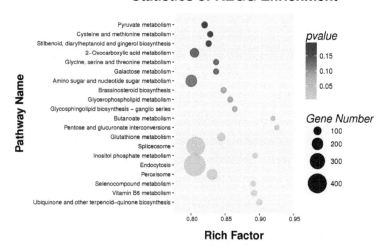

Statistics of KEGG Enrichment

图 4-11　利福平处理获得的甲基化基因的 KEGG 分析

第三节　结　论

（1）植原体感染后甲基化水平降低且甲基化模式变化以 mCHH 为主,甲基化水平分析显示,植原体感染泡桐后健康苗的甲基化水平为 20.43%,病苗的甲基化水平为 23.42%。在 MMS 高浓度处理的幼苗中,甲基化水平处理随着处理时间的延长(10 d 到 20 d),DNA 甲基化由 24.85% 降为 20.87%,在 MMS 低浓度处理的幼苗及随后继代中, DNA 甲基化由 21.25% 降为 19.83% 再升到 25.57%。甲基化模式分析显示,各样品在同一时间点均以 mCHH 的甲基化类型比例最高,其次是 mCG,最低的为 mCHG。在不同样品间的甲基化以 mCHH 和 mCG 变化为主,mCHG 变化不明显。植原体感染泡桐后, mCHH 类型由 50.64% 升高到 53.00%。在 MMS 高浓度处理的幼苗中,mCHH 类型随着处理时间的延长(10 d 到 20 d),该类型的甲基化比例逐渐降低,由 52.62% 降到 47.53%, mCG 类型变化趋势则与 mCHH 相反,随着处理时间的延长(10 d 到 20 d),该类型的甲基化比例由 21.93% 升到 29.96%。在 MMS 低浓度处理的幼苗中,mCHH 类型随着处理时间的延长(10 d 到恢复 40 d),该类型的甲基化比例逐渐升高,由 48.48% 升到 53.41%, mCG 类型变化趋势则与 mCHH 相反,随着处理时间的延长(10 d 到恢复 40 d)该类型的甲基化比例由 29.00% 降到 26.22%。通过不同比较组间的比较,获得共同甲基化基因 369 935 个,GO 分类结果显示甲基化基因主要被富集到 1 098 个 GO term,其中主要集中在细胞膜(628)、转录、DNA 模板(447)、线粒体(308)、细胞质(296) GO term 中。KEGG pathway 富集分析,发现甲基化的基因主要集中在剪接(351)、氨基糖和核苷酸糖代谢(189)、真核生物中的核糖体生物发生(157)、谷胱甘肽代谢(93)、核苷酸切除修复(86)、吞噬(55)、二苯乙烯、二芳基庚烷和姜辣素生物合成(52)、半萜类化合物和三萜类化合物的生物合成(45)、异喹啉生物碱生物合成(43)等途径。

（2）在利福平高浓度处理的幼苗中,甲基化水平处理随着处理时间的延长（10 d 到 15 d）,DNA 甲基化由 21.65% 降为 18.89%；在利福平低浓度处理的幼苗及随后继代中,DNA 甲基化由 22.72% 降为 16.72% 再升到 29.04%。在利福平高浓度处理的幼苗中,mCHH 类型随着处理时间的延长（10 d 到 20 d）,该类型的甲基化比例逐渐降低,由 52.54% 降到 51.21%；mCG 类型变化趋势则与 mCHH 相反,随着处理时间的延长（10 d 到 20 d）,该类型的甲基化比例由 26.15% 升到 27.62%；在利福平低浓度处理的幼苗中,mCHH 类型随着处理时间的延长（10 d 到恢复 40 d）,该类型的甲基化比例逐渐升高,由 49.21% 升到 51.72%,mCG 类型变化趋势则与 mCHH 相反,随着处理时间的延长（10 d 到恢复 40 d）,该类型的甲基化比例由 28.73% 降到 27.78%。通过不同比较组间的比较,获得共同甲基化基因 10 259 个,其中主要集中在质膜（692）、转录、DNA 模板（491）、线粒体（348）、细胞质（331）Go term 中；KEGG pathway 富集分析,发现甲基化的基因主要集中在胞吞作用（463）、剪接（380）、氨基糖和核苷酸糖代谢（200）、过氧化物酶体（172）、2 - 氧代羧酸代谢（136）、维生素 B6 代谢（58）、泛醌和其他萜类化合物 - 醌生物合成（54）、有机含硒化合物新陈代谢（49）等。

（3）绘制了单碱基分辨率的甲基化图谱,结果显示,2 种试剂处理的白花泡桐幼苗的 mCG 甲基化水平最高,即该类型的位点出现的频率比较高,其次是 mCHG,最后是 mCHH。碱基偏好性分析显示,泡桐感染植原体后发生的甲基化偏向于 mCG 类型。

第五章　泡桐丛枝病发生与基因表达

　　泡桐是我国重要的速生用材树种之一,在保障粮食安全、改善生态环境和提高生活水平等方面发挥着重要的作用。然而,由于植原体的入侵,引起患病泡桐幼树死亡,大树生长缓慢、蓄积量降低,严重影响了我国泡桐产业的发展,尤其在泡桐丛枝病发病严重的河南地区。自 1967 年泡桐丛枝病植原体发现以来,科研工作者对泡桐丛枝病的发病机制进行了大量的研究,虽然阐明了丛枝病发生的相关因素(范国强等,1997,2003,2006,2007a,2007b,2008,2011,2012;和志娇等,2005;胡勤学等,1992;蒋建平等,1993;黎明等,2008;赵改丽等,2011a;Fan et al.,2015a;Fan et al.,2015b;Fan et al.,2018;Fan et al.,2015;Cao et al.,2018a;Cao et al.,2018b;Dong et al.,2018;Liu et al. 2013;Mou et al.,2013;Niu et al.,2016;Wang et al.,2018;Wang et al.,2017;Wei et al.,2017),但是限于丛枝病植原体基因组未公开,限制了泡桐丛枝病发病机制的进一步阐明。

　　在泡桐丛枝病的防治方面,科研工作者发现抗生素处理丛枝病泡桐幼苗可使其症状减轻(李加友,1997;黎明等,2008)。冯志敏(2005)和张胜(2006)发现适宜浓度的利福平处理泡桐患丛枝病幼苗,能使其形态恢复为健康的状态,且体内检测不到 16S rRNA 的存在。利福平为细菌等微生物的遗传物质合成抑制剂,主要作用于依赖 DNA 的 RNA 聚合酶,与其 RNA 聚合酶核心以 1∶1 分子比例迅速而牢固结合成稳定的复合体,从而抑制RNA 转录,最终达到清除植物体内微生物的效果(常莉,2009)。范国强课题组采用甲基磺酸甲酯(MMS)处理丛枝病泡桐组培幼苗,发现适宜浓度的 MMS 能使泡桐丛枝病组培幼苗转变为健康状态,且巢式 PCR 检测不到处理苗中植原体 16S rRNA 的存在,还发现了丛枝病的泡桐甲基化水平较健康苗降低(翟晓巧,2010;Cao et al.,2014a,2014b)。MMS是一种甲基剂,可以提供—CH_3,能够与 DNA 甲基化转移酶共价结合,从而提高 DNA 甲基化水平。

　　由于植原体缺少细胞壁,目前世界范围内没有公认的培养基可以培养,且泡桐生长周期长,为了进一步筛选与丛枝病发病相关的基因,本研究借助 Illumina 高通量测序技术,研究 20 mg/L 和 60 mg/L MMS 在不同时间点处理白花泡桐丛枝病组培苗(模拟植原体入侵泡桐和在泡桐体内逐渐消失过程中)间的基因表达变化过程;同时研究 30 mg/L 和 100 mg/L 利福平在不同时间点处理白花泡桐丛枝病组培苗(模拟植原体入侵泡桐和在泡桐体内逐渐消失过程中)间的基因表达变化过程。并以 MMS 和利福平处理的多个样品的转录组数据为基础,采用具有多样品分析优势的权重基因共表达网络分析法(WGCNA)研究基因共表达趋势(鞠正等,2018;Feltrin et al.,2019),将表达高度相关的基因确定为一个基因模块,根据性状与模块特征向量基因的相关性及 P-value 来挖掘与泡桐丛枝病性状相关的模块。通过进一步的生物信息学分析相关模块中的基因,获得与丛枝病发病相关的基因的调控途径,该结果为进一步揭示泡桐丛枝病的发病机制奠定了理论基础。

第一节　材料与方法

一、试验材料及处理

试验材料为河南农业大学泡桐研究所经体细胞胚胎发生途径获得并培养 30 d 的白花泡桐(*Paulownia fortunei*)丛枝病(PFI)和对应的健康(PF)组培苗。

经过前期的预试验,将上述生长发育条件一致的白花泡桐丛枝病幼苗 1.5 cm 的顶芽,接种于盛有 40 mL 分别含 60 mg/L 和 20 mg/L MMS 培养基中,60 mg/L MMS 处理幼苗按照(0 d、5 d、10 d、20 d) 时间点进行培养,20 mg/L MMS 按照 (5 d、10 d、15 d、30 d) 时间点和 30 d 后再转 1/2 MS 培养基进行(10 d、20 d、30 d、40 d)时间点培养,上述幼苗编号分别为 PFI、PFI60-5、PFI60-10、PFI60-20、PFI20-5、PFI20-10、PFI20-15、PFI20-30、PFI20R-10、PFI20R-20、PFI20R-30、PFI20R-40。

同时将上述生长发育条件一致的白花泡桐的丛枝病幼苗 1.5 cm 的顶芽,接种于盛有 40 mL 分别含 100 mg/L 和 30 mg/L 利福平培养基中,100 mg/L 利福平处理幼苗按照(0 d、5 d、10 d、20 d) 时间点进行培养,编号分别为 PFI、PFIL100-5、PFIL100-10、PFIL100-20;30 mg/L 利福平按照 (5 d、10 d、15 d、30 d) 时间点和 30 d 后再转 1/2 MS 培养基进行(10 d、20 d、30 d、40 d)时间点培养,编号分别为 PFIL30-5、PFIL30-10、PFIL30-15、PFIL30-30、PFIL30R-10、PFIL20R-20、PFIL30R-30、PFIL30R-40。白花泡桐的健康幼苗 1.5 cm 的顶芽接种于盛 40 mL 1/2 MS 培养基作为对照,编号为 PF。上述幼苗的处理方法和培养方法参照范国强等 (2007),然后在处理苗培养时间点分别剪取上述时间点处理幼苗的相同发育时期的且长约 1.5 cm 的顶芽,用液氮冷冻后置于-80 ℃冰箱内备用。

二、试验方法

(一)泡桐顶芽总 RNA 提取

采用北京奥莱博公司植物总 RNA 提取试剂盒进行,具体步骤参见说明书。

(二)cDNA 文库构建及高通量测序

采用 TruSeq RNA Sample Preparation Kit(Illumina)进行白花泡桐丛枝病幼苗在 2 种试剂不同浓度和时间点处理的样品进行 cDNA 文库构建。然后采用 KAPA SYBR 快速 PCR 试剂盒(KAPA Biosystem)对各样品的文库快速定量,最后用北京百迈客高通量测序平台 Illumina HiSeq 4000 进行双末端测序。

(三)生物信息学分析

生物信息分析方法参照徐恩凯(2015),生物分析流程如图 5-1 所示。

(四)转录组重复性分析

MMS 和利福平处理幼苗的转录组重复性分析方法参照 Cao 等(2018)。

(五)加权基因共表达网络分析

利用 R package 中的 WGCNA(v1.42)构建共表达网络,采用任一样品中 FPKM>0.1

的基因进行 WGCNA 共表达网络分析,具体参数参照 Langfelder and Horvath (2008)的方法。

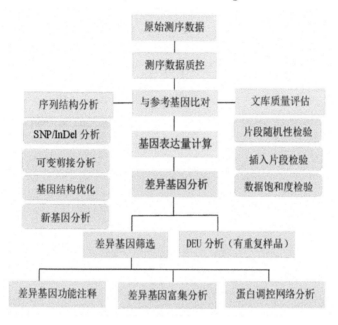

图 5-1　转录组生物信息分析流程

(六)泡桐丛枝病相关基因的 KEGG 代谢通路和 GO 功能富集分析

对筛选出与白花泡桐丛枝病相关模块中的基因进行 GO 富集分析和 KEGG 代谢通路分析,方法参照 Alexa et al. (2006)。

第二节　结果与分析

一、MMS 处理对白花泡桐丛枝病幼苗基因表达的影响

(一)测序碱基质量值和含量分析

本研究首先对 MMS 2 种浓度在不同时间点处理的 13 个样品的测序 reads 进行质量值分布绘制(见图 5-2),每个样品 3 个生物学重复,图中横坐标为 Reads 的碱基位置,纵坐标为单碱基错误率,结果显示,尽管测序错误率会随着测序序列(Sequenced Reads)长度的增加而升高,由于测序错误率受测序仪本身、测序试剂、样品等多个因素共同影响,随着测序过程中化学试剂的消耗,在本研究所设置的测序长度内,所有测序样品低质量(<20)的碱基比例都较低,说明测序准确度越高;其次还对测序样品获得的 reads 进行碱基含量分布图的绘制(见图 5-3),图中 X 轴上 1~100 bp 为 read1 的碱基位置,100~2 000 bp 为 read2 的碱基位置。A、T 曲线重合,G、C 曲线重合,说明这 13 个样品均显示碱基组成平衡,说明测序质量比较好。

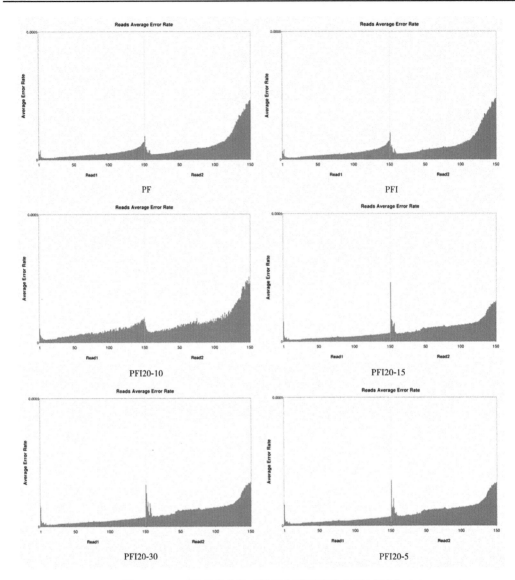

图 5-2 MMS 处理幼苗的碱基测序错误率分布图(部分)

横坐标为 Reads 的碱基位置,纵坐标为单碱基错误率。

(二)MMS 处理样品测序数据统计

通过对白花泡桐健康苗、患病苗以及 60 mg/L 和 20 mg/L 浓度 MMS 处理病苗不同时间点的 13 个样品的高通量测序,共获得 total reads 如表 5-1 所示。通过过滤去除低质量的 read 后 clean reads 统计如下:50 344 460(PF)、51 850 661(PF-1)、53 677 727(PF-2)、51 869 259(PFI)、53 804 559(PFI-1)、47 949 294(PFI-2)、51 122 517(PFI60-10)、49 890 932(PFI60-10-1)、51 984 306(PFI60-10-2)、56 659 965(PFI60-20)、52 994 909(PFI60-20-1)、54 392 132(PFI60-20-2)、55 576 083(PFI60-5)、55 824 218(PFI60-5-1)、53 638 211(PFI60-5-2)(见表 5-1),所有样品的 GC% 含量均在 40%~60%,Q30 均在 90%以上(见表 5-1),说明测序数据较好,可以用于下游分析。

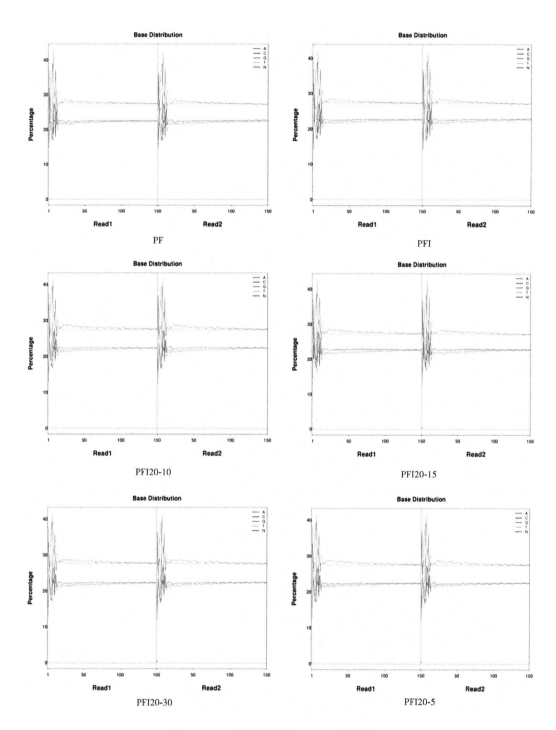

图 5-3　MMS 处理样品的 ATGC 含量分布图

横坐标为 Reads 的碱基位置,纵坐标为单碱基所占比例。

表 5-1　MMS 处理样品的测序数据统计

Sample	Total Reads	Clean reads	GC(%)	≥Q30(%)
PF	100 688 920	50 344 460	44.86	94.29
PF-1	103 701 322	51 850 661	44.57	93.96
PF-2	107 355 454	53 677 727	44.82	93.76
PFI	103 738 518	51 869 259	45.26	94.36
PFI-1	107 609 118	53 804 559	45.07	93.52
PFI-2	95 898 588	47 949 294	45.21	93.97
PFI 60-10	102 245 034	51 122 517	45.71	93.77
PFI 60-10-1	99 781 864	49 890 932	45.50	93.76
PFI 60-10-2	103 968 612	51 984 306	45.42	93.98
PFI 60-20	113 319 930	56 659 965	45.27	93.99
PFI 60-20-1	105 989 818	52 994 909	45.24	93.94
PFI 60-20-2	108 784 264	54 392 132	45.24	94.06
PFI 60-5	111 152 166	55 576 083	44.68	93.78
PFI 60-5-1	111 648 436	55 824 218	44.54	93.77
PFI 60-5-2	107 276 422	53 638 211	44.59	93.85
PFI 20-10	83 415 626	41 707 813	44.51	90.88
PFI 20-10-1	90 793 456	45 396 728	44.62	91.01
PFI 20-10-2	79 876 000	39 938 000	44.46	90.77
PFI 20-15	111 732 072	55 866 036	45.19	94.06
PFI 20-15-1	108 859 326	54 429 663	44.88	93.50
PFI 20-15-2	109 553 538	54 776 769	45.53	94.08
PFI 20-30	99 939 342	49 969 671	44.80	93.94
PFI 20-30-1	111 120 008	55 560 004	44.48	93.34
PFI 20-30-2	119 063 974	59 531 987	44.44	93.32
PFI 20-5	116 699 588	58 349 794	44.76	92.73
PFI 20-5-1	119 707 496	59 853 748	44.70	93.54
PFI 20-5-2	92 182 724	46 091 362	44.71	94.37
PFI 20R-10	89 026 990	44 513 495	45.58	93.00
PFI 20R-10-1	90 174 056	45 087 028	45.15	93.75
PFI 20R-10-2	92 520 956	46 260 478	46.16	93.36
PFI 20R-20	88 974 928	44 487 464	44.32	91.49
PFI 20R-20-1	85 264 180	42 632 090	44.34	90.65

续表 5-1

Sample	Total Reads	Clean reads	GC(%)	≥Q30(%)
PFI 20R-20-2	88 486 390	44 243 195	45.98	91.41
PFI 20R-30	104 796 756	52 398 378	45.17	92.87
PFI 20R-30-1	109 685 292	54 842 646	45.44	93.67
PFI 20R-30-2	111 850 784	55 925 392	45.89	92.28
PFI 20R-40	124 096 626	62 048 313	45.45	93.90
PFI 20R-40-1	118 578 612	59 289 306	45.49	93.72
PFI 20R-40-2	134 440 722	67 220 361	45.17	93.36

注:Samples—样品信息单样品名称;Clean reads—Clean Data 中 pair-end Reads 总数;Clean bases—Clean Data 总碱基数;GC content—Clean Data 中 G 和 C 两种碱基占总碱基的百分比;≥Q30%—Clean Data 质量值大于或等于 30 的碱基所占的百分比。

(三)比对效率统计

本研究将健康苗(PF)、患病苗(PFI)以及 60 mg/L 和 20 mg/L MMS 不同时间点处理病苗及恢复共 13 个样品的 clean reads 与白花泡桐参考基因及基因组进行了比对(见表 5-2),每个样品有 3 个生物学重复,PF、PF-1、PF-2 和 PFI、PFI-1、PFI-2 分别代表白花泡桐健康苗及患病苗的 3 个生物学重复。其中 PF 的 3 个生物学重复与基因组比对上的序列(mapped reads)占总序列(total reads)的比例分别为 81.33%、81.08%、80.78%,PFI 分别为 73.53%、73.02%、73.13%;而 60 mg/L 浓度 MMS 处理后 10 d 的三个生物学重复与基因组比对上的序列(mapped reads)占总序列(total reads)的比例分别为 73.02%、73.28%、73.48%,其他处理浓度的样品见表 5-2,从表 5-2 中可以看出,各样品的 reads 与参考基因组的比对效率为 65%~82%。

表 5-2 MMS 处理样品的测序数据与参考基因组的序列比对结果

Sample	Total Reads	Mapped Reads (Mapped Rate)	Uniq Mapped Reads (Uniq Mapped Rate)	Multiple Mapped Reads (Multiple Mappped Rate)
PF	100 688 920	81 886 157(81.33%)	78 084 459(77.55%)	3 801 698(3.78%)
PF-1	103 701 322	84 084 925(81.08%)	79 969 334(77.12%)	4 115 591(3.97%)
PF-2	107 355 454	86 726 449(80.78%)	82 471 349(76.82%)	4 255 100(3.96%)
PFI	103 738 518	76 283 485(73.53%)	72 714 189(70.09%)	3 569 296(3.44%)
PFI-1	107 609 118	78 575 950(73.02%)	74 809 736(69.52%)	3 766 214(3.50%)
PFI-2	95 898 588	70 135 008(73.13%)	66 861 186(69.72%)	3 273 822(3.41%)
PFI 60-10	102 245 034	74 662 911(73.02%)	71 021 194(69.46%)	3 641 717(3.56%)
PFI 60-10-1	99 781 864	73 121 041(73.28%)	69 511 682(69.66%)	3 609 359(3.62%)
PFI 60-10-2	103 968 612	76 396 577(73.48%)	72 673 615(69.90%)	3 722 962(3.58%)
PFI 60-20	113 319 930	81 629 163(72.03%)	77 669 413(68.54%)	3 959 750(3.49%)
PFI 60-20-1	105 989 818	76 864 731(72.52%)	73 078 658(68.95%)	3 786 073(3.57%)

续表 5-2

Sample	Total Reads	Mapped Reads (Mapped Rate)	Uniq Mapped Reads (Uniq Mapped Rate)	Multiple Mapped Reads (Multiple Mappped Rate)
PFI 60-20-2	108 784 264	79 017 341(72.64%)	75 174 110(69.10%)	3 843 231(3.53%)
PFI 60-5	111 152 166	80 860 103(72.75%)	76 887 292(69.17%)	3 972 811(3.57%)
PFI 60-5-1	111 648 436	81 192 086(72.72%)	77 138 143(69.09%)	4 053 943(3.63%)
PFI 60-5-2	107 276 422	78 550 416(73.22%)	74 717 702(69.65%)	3 832 714(3.57%)
PFI 20-10	83 415 626	55 627 381(66.69%)	52 853 289(63.36%)	2 774 092(3.33%)
PFI 20-10-1	90 793 456	60 939 527(67.12%)	57 860 583(63.73%)	3 078 944(3.39%)
PFI 20-10-2	79 876 000	53 203 207(66.61%)	50 512 099(63.24%)	2 691 108(3.37%)
PFI 20-15	111 732 072	81 207 615(72.68%)	77 390 336(69.26%)	3 817 279(3.42%)
PFI 20-15-1	108 859 326	75 682 075(69.52%)	71 828 307(65.98%)	3 853 768(3.54%)
PFI 20-15-2	109 553 538	78 562 133(71.71%)	74 864 182(68.34%)	3 697 951(3.38%)
PFI 20-30	99 939 342	71 685 933(71.73%)	68 028 020(68.07%)	3 657 913(3.66%)
PFI 20-30-1	111 120 008	76 531 986(68.87%)	72 369 708(65.13%)	4 162 278(3.75%)
PFI 20-30-2	119 063 974	81 723 896(68.64%)	77 255 229(64.89%)	4 468 667(3.75%)
PFI 20-5	116 699 588	80 802 069(69.24%)	76 666 941(65.70%)	4 135 128(3.54%)
PFI 20-5-1	119 707 496	82 877 986(69.23%)	78 661 429(65.71%)	4 216 557(3.52%)
PFI 20-5-2	92 182 724	67 640 720(73.38%)	64 443 068(69.91%)	3 197 652(3.47%)
PFI 20R-10	89 026 990	60 707 813(68.19%)	56 630 483(63.61%)	4 077 330(4.58%)
PFI 20R-10-1	90 174 056	65 026 664(72.11%)	61 438 282(68.13%)	3 588 382(3.98%)
PFI 20R-10-2	92 520 956	65 229 730(70.50%)	60 806 189(65.72%)	4 423 541(4.78%)
PFI 20R-20	88 974 928	59 753 337(67.16%)	56 619 358(63.64%)	3 133 979(3.52%)
PFI 20R-20-1	85 264 180	56 503 169(66.27%)	53 567 228(62.83%)	2 935 941(3.44%)
PFI 20R-20-2	88 486 390	57 670 390(65.17%)	53 643 644(60.62%)	4 026 746(4.55%)
PFI 20R-30	104 796 756	73 516 214(70.15%)	69 547 151(66.36%)	3 969 063(3.79%)
PFI 20R-30-1	109 685 292	80 304 159(73.21%)	76 292 585(69.56%)	4 011 574(3.66%)
PFI 20R-30-2	111 850 784	75 123 141(67.16%)	70 329 636(62.88%)	4 793 505(4.29%)
PFI 20R-40	124 096 626	90 861 356(73.22%)	86 296 284(69.54%)	4 565 072(3.68%)
PFI 20R-40-1	118 578 612	86 837 648(73.23%)	82 536 489(69.60%)	4 301 159(3.63%)
PFI 20R-40-2	134 440 722	94 575 122(70.35%)	89 490 301(66.56%)	5 084 821(3.78%)

注:Sample—样品名称;Total Reads—Clean Reads 数目,按单端计;Mapped Reads—比对到参考基因组上的 Reads 数目及在 Clean Reads 中占的百分比;Uniq Mapped Reads—比对到参考基因组唯一位置的 Reads 数目及在 Clean Reads 中占的百分比;Multiple Mapped Reads—比对到参考基因组多处位置的 Reads 数目及在 Clean Reads 中占的百分比。

(四)转录组文库质量评估

本研究通过测序样品的 mRNA 片段化随机性检验,插入片段长度检验和转录组测序数据饱和度检验 3 种方式对转录组文库质量进行评估,结果显示,2 种 MMS 浓度不同时间点处理的 13 个样品经过与参考基因组比对后获得的 mapped reads 在 mRNA 转录本上的位置分布均匀,说明此样品的测序随机性较好。

插入片段长度的离散程度能直接反映出文库制备过程中磁珠纯化的效果。通过本研究 13 个样品的测序产生 reads 在参考基因组上的比对起止点之间的距离计算插入片段长度(见图 5-4)。结果显示,在插入片段长度模拟分布图中,主峰右侧形成无杂峰,说明插入片段长度离散程度较好,可以进行后续分析。

为了评估 13 个样品测序数据是否充足并满足后续分析,本研究对测序得到的基因数进行饱和度检测(见图 5-5),结果显示,随着测序数据量的增加,检测到的不同表达量的基因数目趋于饱和,说明测序文库质量较高,可以用于后续分析。

(五)SNP/InDel 分析

对 13 个样品筛选出的 SNP 位点数目、转换类型比例、颠换类型比例以及杂合型 SNP 位点比例进行统计,如表 5-3 所示,可以看出患病苗的 SNP 位点总数、基因区 SNP 位点总数和基因间区 SNP 位点总数明显高于健康苗,其他处理数据详见表 5-3。SNP 突变类型统计结果显示 13 个样品的 SNP 突变位点主要以 A→G、G→A 、C→T、T→C 突变类型为主,突变类型分布见图 5-6。

在上述 SNP 统计的基础上,本研究采用 SNPEff 分别对 SNP、InDel 注释,病健苗及利福平处理的 13 个样品的 SNP、InDel 的注释结果统计分别见图 5-7、图 5-8,纵轴为 SNP/In-Del 所在区域或类型,横轴为分类数目,可以直观地看出各个样品 SNP/InDel 的功能分类,为后续研究提供研究基础。

(六)可变剪接事件预测

根据材料与方法的描述,本研究的不同样品中的可变剪接类型可细分为 12 类,分别为:①TSS:Alternative 5′ first exon(Transcription Start Site)第一个外显子可变剪切;②TTS:Alternative 3′ last exon(Transcription Terminal Site)最后一个外显子可变剪切;③SKIP:Skipped exon(SKIP_ON,SKIP_OFF pair)单外显子跳跃;④XSKIP:Approximate SKIP(XSKIP_ON,XSKIP_OFF pair)单外显子跳跃(模糊边界);⑤MSKIP:Multi-exon SKIP(MSKIP_ON,MSKIP_OFF pair)多外显子跳跃;⑥XMSKIP:Approximate MSKIP(XMSKIP_ON,XMSKIP_OFF pair)多外显子跳跃(模糊边界);⑦IR:Intron Retention(IR_ON, IR_OFF pair)单内含子滞留;⑧XIR:Approximate IR(XIR_ON,XIR_OFF pair)单内含子滞留(模糊边界);⑨MIR:Multi-IR(MIR_ON, MIR_OFF pair)多内含子滞留;⑩XMIR:Approximate MIR(XMIR_ON, XMIR_OFF pair)多内含子滞留(模糊边界);⑪AE:Alternative Exon ends(5′, 3′, or both)可变 5′或 3′端剪切;⑫XAE:Approximate AE 可变 5′或 3′端剪切(模糊边界)。然后统计各样品中预测的可变剪接事件数量,统计结果如图 5-9 所示。本研究所检测的 13 个样品均以 TSS 和 TTS 为主,各样品间的差别不明显,说明可变剪切事件在植原体感染泡桐的过程中变化不大。

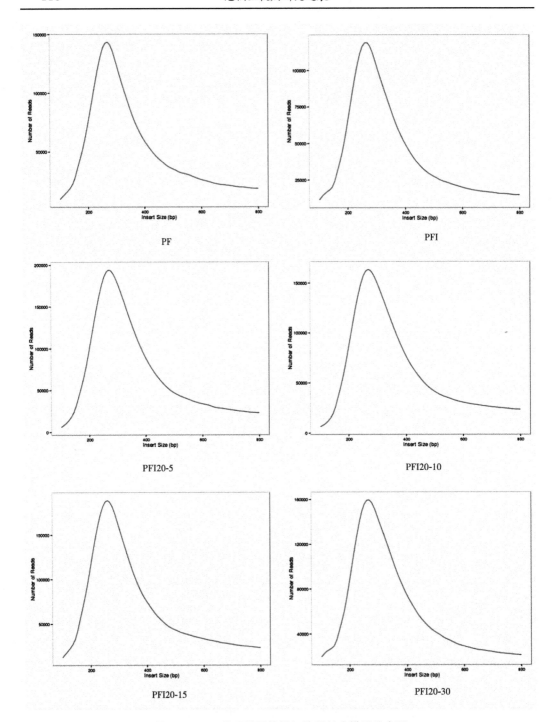

图 5-4　MMS 处理样品的插入片段长度模拟分布图

横坐标为双端 Reads 在参考基因组上的比对起止点之间的距离，范围为 0~800 bp；

纵坐标为比对起止点之间不同距离的双端 Reads 或插入片段数量。

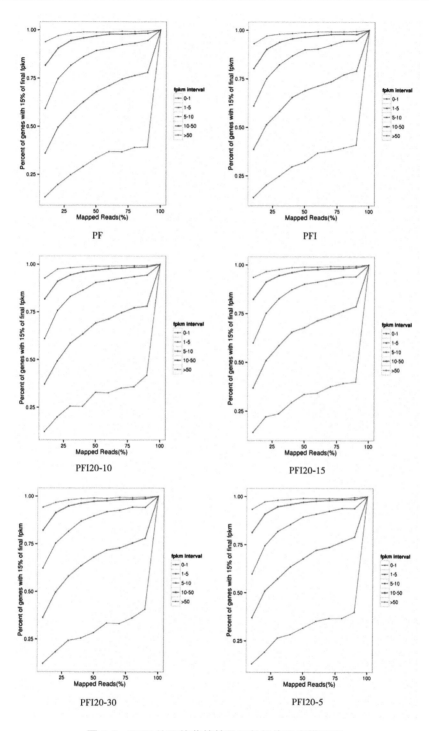

图 5-5　MMS 处理幼苗的转录组数据饱和度模拟图

　　本图为随机抽取 10%、20%、30%……90%的总体测序数据单独进行基因定量分析的结果；横坐标代表抽取数据定位到基因组上的 Reads 数占总定位的 reads 数的百分比，纵坐标代表所有抽样结果中表达量差距小于 15%的 Gene 在各个 FPKM 范围的百分比。

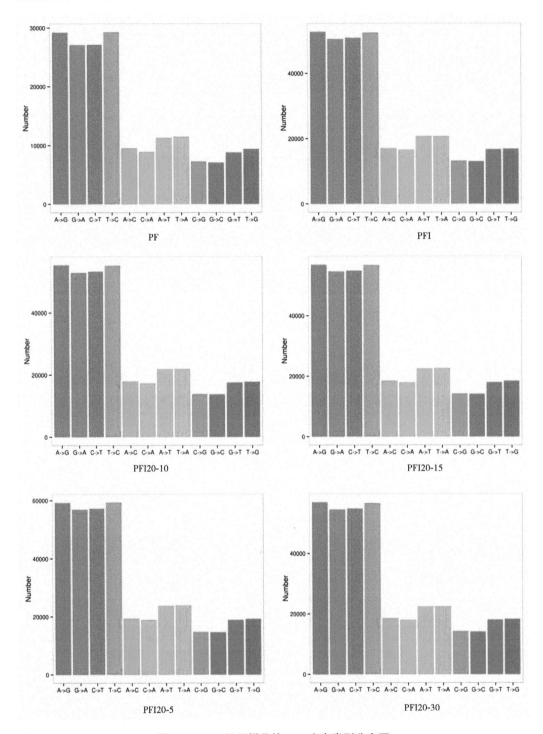

图 5-6 MMS 处理样品的 SNP 突变类型分布图

横轴为 SNP 突变类型,纵轴为相应的 SNP 数目。

表 5-3　MMS 处理样品的 SNP 位点统计

Sample	SNP Number	Genic SNP	Intergenic SNP	Transition(%)	Transversion(%)	Heterozygosity(%)
PF	181 987	142 315	39 672	60.23	39.77	89.91
PF-1	187 408	146 508	40 900	60.24	39.76	90.45
PF-2	180 526	141 268	39 258	60.21	39.79	90.19
PFI	336 153	262 957	73 196	60.30	39.70	74.26
PFI-1	342 802	268 204	74 598	60.30	39.70	74.21
PFI-2	332 104	259 974	72 130	60.34	39.66	74.27
PFI 60-10	346 927	272 109	74 818	60.24	39.76	74.75
PFI 60-10-1	357 004	280 234	76 770	60.19	39.81	74.62
PFI 60-10-2	370 969	290 720	80 249	60.08	39.92	74.18
PFI 60-20	354 427	277 965	76 462	60.31	39.69	74.19
PFI 60-20-1	351 307	275 905	75 402	60.32	39.68	74.21
PFI 60-20-2	358 516	281 244	77 272	60.21	39.79	74.23
PFI 60-5	372 553	290 927	81 626	60.02	39.98	74.36
PFI 60-5-1	385 997	301 133	84 864	59.89	40.11	74.33
PFI 60-5-2	382 899	298 830	84 069	59.94	40.06	74.38
PFI 20-10	346 594	271 901	74 693	60.37	39.63	74.40
PFI 20-10-1	360 069	282 141	77 928	60.25	39.75	74.36
PFI 20-10-2	341 775	268 188	73 587	60.37	39.63	74.51
PFI 20-15	375 531	294 296	81 235	60.10	39.90	74.24
PFI 20-15-1	371 027	290 978	80 049	60.22	39.78	74.25
PFI 20-15-2	361 567	283 105	78 462	60.28	39.72	74.02
PFI 20-30	374 923	294 351	80 572	60.18	39.82	74.05
PFI 20-30-1	376 188	295 493	80 695	60.14	39.86	74.05
PFI 20-30-2	387 414	304 137	83 277	60.10	39.90	74.05
PFI 20-5	374 751	291 753	82 998	60.15	39.85	74.10
PFI 20-5-1	378 866	295 063	83 803	60.10	39.90	74.19
PFI 20-5-2	370 361	288 871	81 490	60.16	39.84	74.26
PFI 20R-10	332 532	259 976	72 556	60.42	39.58	74.11
PFI 20R-10-1	339 259	265 032	74 227	60.40	39.60	74.26
PFI 20R-10-2	332 760	259 994	72 766	60.46	39.54	74.17
PFI 20R-20	352 723	276 831	75 892	60.31	39.69	74.24
PFI 20R-20-1	339 921	267 218	72 703	60.38	39.62	74.31
PFI 20R-20-2	323 633	254 457	69 176	60.56	39.44	74.16
PFI 20R-30	356 055	279 082	76 973	60.23	39.77	73.86
PFI 20R-30-1	366 287	286 503	79 784	60.16	39.84	73.86
PFI 20R-30-2	348 265	272 994	75 271	60.29	39.71	73.75
PFI 20R-40	371 101	289 550	81 551	60.10	39.90	73.75
PFI 20R-40-1	367 702	287 950	79 752	60.13	39.87	73.77
PFI 20R-40-2	371 704	290 367	81 337	60.08	39.92	73.78

注:Sample—样品编号;SNP Number—SNP 位点总数;Genic SNP—基因区 SNP 位点总数;Intergenic SNP—基因间区 SNP 位点总数;Transition—转换类型的 SNP 位点数目在总 SNP 位点数目中所占的百分比;Transversion—颠换类型的 SNP 位点数目在总 SNP 位点数目中所占的百分比;Heterozygosity—杂合型 SNP 位点数目在总 SNP 位点数目中所占的百分比。

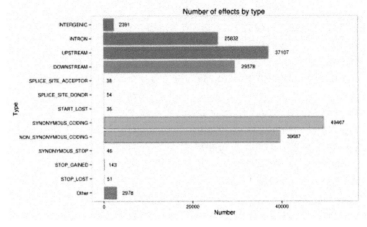

PF

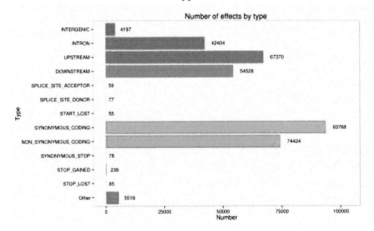

PFI

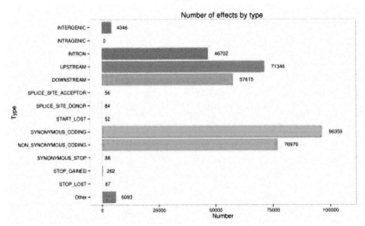

PFI20-10

图 5-7　MMS 处理样品的 SNP 注释分类图

纵轴为 SNP 所在区域或类型,横轴为分类数目。

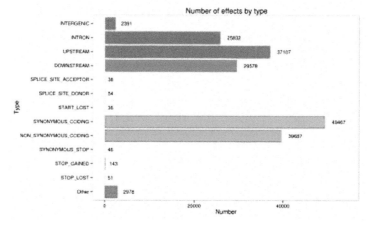

PF

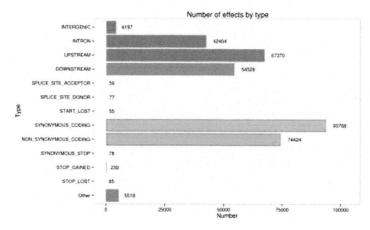

PFI

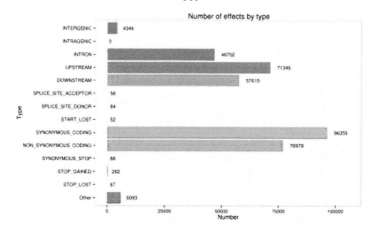

PFI20-10

图 5-8　MMS 处理样品的 InDel 注释分类图

纵轴为 InDel 所在区域或类型,横轴为分类数目。

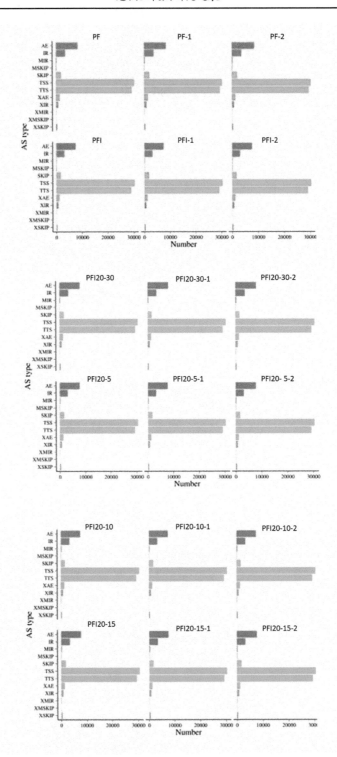

图 5-9　MMS 处理样品的可变剪接事件数量统计图
横轴为该种事件下可变剪切的数量,纵轴为可变剪切事件的分类缩写。

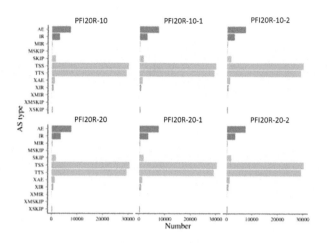

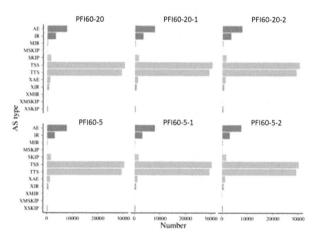

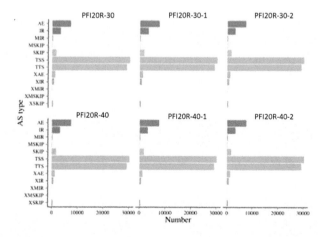

续图 5-9

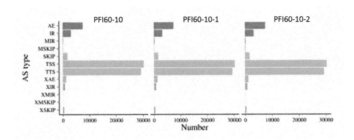

续图 5-9

(七) 新基因发掘及功能注释

与原有的基因组注释信息进行比较,寻找原来未被注释的转录区,发掘新转录本和新基因,从而补充和完善原有的基因组注释信息。过滤掉编码的肽链过短(少于 50 个氨基酸残基)或只包含单个外显子的序列,共发掘 1 475 个新基因,其中有功能注释的有 1 235 个(见表 5-4),新基因的 eggNOG 分类统计结果如图 5-10 所示,注释到的基因分别属于 25 个 cluster。基因数量最多的是未知功能类(255),其次是一般功能类(191)、信号转导机制(98)、转录后修饰、蛋白折叠和伴侣(83),而核结构(4)和细胞外结构(1)类最少(见表 5-5)。

表 5-4 MMS 处理样品的新基因功能注释

#Anno_Database	Annotated_Number	300≤length<1 000	length≥1 000
COG_Annotation	351	95	255
GO_Annotation	682	222	455
KEGG_Annotation	523	173	346
Swissprot_Annotation	771	240	526
eggNOG_Annotation	1 142	359	775
nr_Annotation	1 234	404	820
All_Annotated	1 235	405	820

注:#Anno_Database—注释用的数据库;Annotated_Number—注释到的基因数目;300≤length<1 000—注释到的基因长度在 300~1 000 的数目;length≥1 000—注释到的基因长度大于等于 1 000 的基因数目。

其次,将得到的新基因进行 GO 分类统计(见图 5-11)表明,682 个新基因被注释到 42 个 GO term 上,其中生物过程相关基因主要参与了代谢过程(485)、细胞过程(419)、单器官过程(322)、对刺激的响应(132)和生物调控(110),作为细胞组分的基因主要集中在细胞部分(329)和细胞(328),而与分子功能相关的基因主要是催化活力(367)和绑定(324)。

最后把新基因进行 Nr 注释,并进行了物种相似性分布统计(见图 5-12)。结果显示注释到芝麻上的基因数目最多(808,65.48%),其次是黄色猴面花 (171,13.86%)。

(八) 所有基因分析

通过转录组测序,共发现基因 33 302 个,其中新基因 1 475 个。在发现的基因中,有 31 755 个基因有功能注释(见表 5-6)。然后将得到的所有基因功能在 COG 数据库进行分类(见图 5-13),结果显示,11 603 个注释到的基因分别属于 25 个 cluster(见表 5-7),其中基因数量最多的是一般功能预测(3 344),其次是转录(1 836)、复制、重组和修饰(1 824)及信号转导机制(1 577),而核结构(2)类最少。

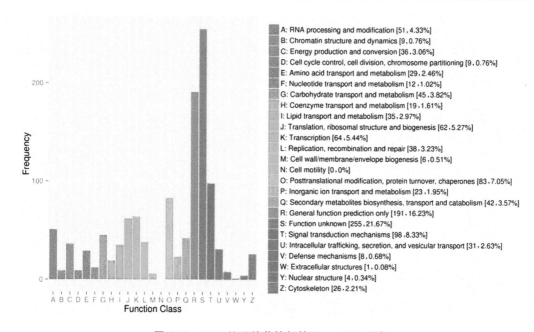

图 5-10 MMS 处理幼苗的新基因 eggNOG 分类

表 5-5 MMS 处理样品获取的新基因 eggNOG 分类数量统计

Class_Name	Numbers
Translation, ribosomal structure and biogenesis	62
RNA processing and modification	51
Transcription	64
Replication, recombination and repair	38
Chromatin structure and dynamics	9
Cell cycle control, cell division, chromosome partitioning	9
Nuclear structure	4
Defense mechanisms	8
Signal transduction mechanisms	98
Cell wall/membrane/envelope biogenesis	6
Cell motility	0
Cytoskeleton	26
Extracellular structures	1
Intracellular trafficking, secretion, and vesicular transport	31
Posttranslational modification, protein turnover, chaperones	83
Energy production and conversion	36
Carbohydrate transport and metabolism	45
Amino acid transport and metabolism	29
Nucleotide transport and metabolism	12
Coenzyme transport and metabolism	19
Lipid transport and metabolism	35

续表 5-5

Class_Name	Numbers
Inorganic ion transport and metabolism	23
Secondary metabolites biosynthesis, transport and catabolism	42
General function prediction only	191
Function unknown	255

注:Class_Name—注释分类名称;Numbers—某个分类上注释到的基因数目。

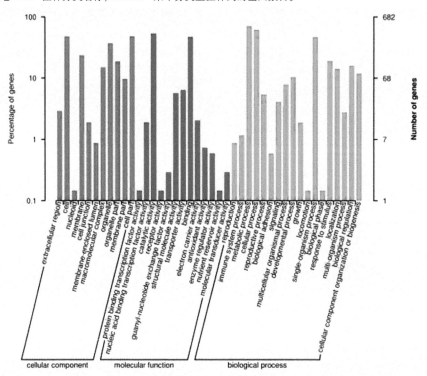

图 5-11　MMS 处理幼苗的新基因 GO 分类

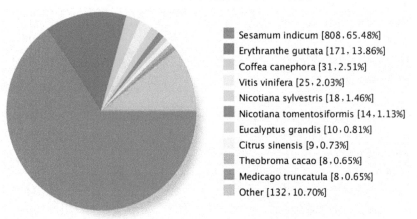

图 5-12　MMS 处理样品新基因 Nr 功能注释

表 5-6　MMS 处理幼苗的所有基因功能注释

#Anno_Database	Annotated_Number	300≤length<1 000	length≥1 000
COG	11 603	3 550	7 945
GO	6 752	2 489	4 095
KEGG	11 381	4 320	6 803
Swiss-Prot	22 342	8 036	13 891
eggNOG	30 497	12 093	17 582
NR	31 670	12 849	17 902
All_Annotated	31 755	12 895	17 934

注:#Anno_Database—注释用的数据库;Annotated_Number—注释到的基因数目;300≤length<1 000—注释到的基因长度在 300 到 1 000 的数目;length≥1 000—注释到的基因长度大于等于 1 000 的基因数目。

　　同时将得到的所有基因功能在 eggNOG 数据库进行分类(见图 5-14),注释到的 30 497基因分别属于 25 个 cluster(见表 5-8),其中基因数量最多的是未知功能(7 592),其次是一般功能预测(5 959)、信号转导机制(2 380)、转录后修饰、蛋白折叠和伴侣(2 254),而核结构类(53)最少。

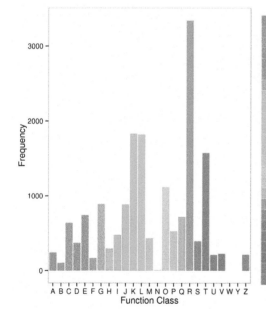

A: RNA processing and modification [248,1.43%]
B: Chromatin structure and dynamics [108,0.62%]
C: Energy production and conversion [640,3.7%]
D: Cell cycle control, cell division, chromosome partitioning [373,2.15%]
E: Amino acid transport and metabolism [742,4.29%]
F: Nucleotide transport and metabolism [170,0.98%]
G: Carbohydrate transport and metabolism [891,5.15%]
H: Coenzyme transport and metabolism [298,1.72%]
I: Lipid transport and metabolism [481,2.78%]
J: Translation, ribosomal structure and biogenesis [890,5.14%]
K: Transcription [1836,10.6%]
L: Replication, recombination and repair [1824,10.53%]
M: Cell wall/membrane/envelope biogenesis [439,2.54%]
N: Cell motility [12,0.07%]
O: Posttranslational modification, protein turnover, chaperones [1120,6.47%]
P: Inorganic ion transport and metabolism [532,3.07%]
Q: Secondary metabolites biosynthesis, transport and catabolism [721,4.16%]
R: General function prediction only [3344,19.31%]
S: Function unknown [400,2.31%]
T: Signal transduction mechanisms [1577,9.11%]
U: Intracellular trafficking, secretion, and vesicular transport [216,1.25%]
V: Defense mechanisms [232,1.34%]
W: Extracellular structures [0,0%]
Y: Nuclear structure [2,0.01%]
Z: Cytoskeleton [219,1.26%]

图 5-13　MMS 处理幼苗的所有基因的 eggNOG 分类

　　然后对所有基因进行了 GO 分类统计(见图 5-15),结果表明,6 752 个基因被注释到 49 个 GO term 上(见表 5-9),其中代谢过程相关基因(4 519)类最多,其次是细胞过程(3 864)、催化活力(3 523)、单细胞过程(3 228)和绑定(3 189)类,而病毒粒子(1)GO term 中所含的基因数目最少。

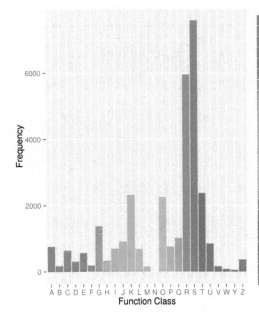

A: RNA processing and modification [761,2.49%]
B: Chromatin structure and dynamics [175,0.57%]
C: Energy production and conversion [639,2.09%]
D: Cell cycle control, cell division, chromosome partitioning [310,1.02%]
E: Amino acid transport and metabolism [563,1.84%]
F: Nucleotide transport and metabolism [186,0.61%]
G: Carbohydrate transport and metabolism [1368,4.48%]
H: Coenzyme transport and metabolism [325,1.06%]
I: Lipid transport and metabolism [692,2.27%]
J: Translation, ribosomal structure and biogenesis [904,2.96%]
K: Transcription [2313,7.58%]
L: Replication, recombination and repair [680,2.23%]
M: Cell wall/membrane/envelope biogenesis [154,0.5%]
N: Cell motility [0,0%]
O: Posttranslational modification, protein turnover, chaperones [2254,7.38%]
P: Inorganic ion transport and metabolism [750,2.46%]
Q: Secondary metabolites biosynthesis, transport and catabolism [1007,3.3%]
R: General function prediction only [5959,19.52%]
S: Function unknown [7592,24.87%]
T: Signal transduction mechanisms [2380,7.8%]
U: Intracellular trafficking, secretion, and vesicular transport [849,2.78%]
V: Defense mechanisms [164,0.54%]
W: Extracellular structures [84,0.28%]
Y: Nuclear structure [53,0.17%]
Z: Cytoskeleton [370,1.21%]

图 5-14　MMS 处理幼苗的所有基因 COG 分类

最后把所有基因进行 Nr 功能注释,并进行了物种相似性分布统计(见图 5-16)。结果显示注释到芝麻(23 835,75.27%)的基因最多,其次是黄色猴面花(4 164,13.15%)。

表 5-7　MMS 处理所有基因的 COG 分类

#ID	Class_Name	Numbers
J	Translation, ribosomal structure and biogenesis	890
A	RNA processing and modification	248
K	Transcription	1 836
L	Replication, recombination and repair	1 824
B	Chromatin structure and dynamics	108
D	Cell cycle control, cell division, chromosome partitioning	373
Y	Nuclear structure	2
V	Defense mechanisms	232
T	Signal transduction mechanisms	1 577
M	Cell wall/membrane/envelope biogenesis	439
N	Cell motility	12
Z	Cytoskeleton	219
W	Extracellular structures	0
U	Intracellular trafficking, secretion, and vesicular transport	216
O	Posttranslational modification, protein turnover, chaperones	1 120
C	Energy production and conversion	640
G	Carbohydrate transport and metabolism	891

续表 5-7

#ID	Class_Name	Numbers
E	Amino acid transport and metabolism	742
F	Nucleotide transport and metabolism	170
H	Coenzyme transport and metabolism	298
I	Lipid transport and metabolism	481
P	Inorganic ion transport and metabolism	532
Q	Secondary metabolites biosynthesis, transport and catabolism	721
R	General function prediction only	3 344
S	Function unknown	400

注:#ID—Cog 注释结果编号;Class_Name—Cog 注释分类名称;Numbers—某个分类上注释到的基因数目。

表 5-8 MMS 处理所有基因的 eggNOG 分类

#ID	Class_Name	Numbers
J	Translation, ribosomal structure and biogenesis	904
A	RNA processing and modification	761
K	Transcription	2 313
L	Replication, recombination and repair	680
B	Chromatin structure and dynamics	175
D	Cell cycle control, cell division, chromosome partitioning	310
Y	Nuclear structure	53
V	Defense mechanisms	164
T	Signal transduction mechanisms	2 380
M	Cell wall/membrane/envelope biogenesis	154
N	Cell motility	0
Z	Cytoskeleton	370
W	Extracellular structures	84
U	Intracellular trafficking, secretion, and vesicular transport	849
O	Posttranslational modification, protein turnover, chaperones	2 254
C	Energy production and conversion	639
G	Carbohydrate transport and metabolism	1 368
E	Amino acid transport and metabolism	563
F	Nucleotide transport and metabolism	186
H	Coenzyme transport and metabolism	325
I	Lipid transport and metabolism	692
P	Inorganic ion transport and metabolism	750
Q	Secondary metabolites biosynthesis, transport and catabolism	1 007
R	General function prediction only	5 959
S	Function unknown	7 592

注:#ID—eggNOG 注释结果编号;Class_Name—eggNOG 注释分类名称;Numbers—eggNOG 某个分类上注释到的基因数目。

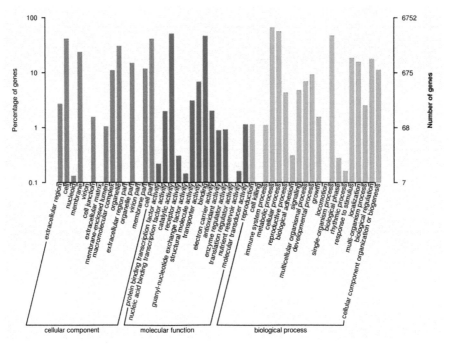

图 5-15　MMS 处理所有基因 GO 分类统计结果

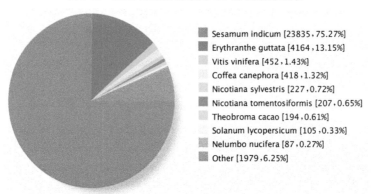

图 5-16　MMS 处理样品的所有基因 Nr 功能注释

表 5-9　MMS 处理所有基因 GO 分类统计结果

#GO_classify1	GO_classify2	Paulownia Unigene
cellular component	extracellular region	184
	cell	2 818
	nucleoid	9
	membrane	1 614
	virion	1
	cell junction	106
	extracellular matrix	4
	membrane-enclosed lumen	71

续表 5-9

#GO_classify1	GO_classify2	Paulownia Unigene
cellular component	macromolecular complex	749
	organelle	2 064
	extracellular region part	5
	organelle part	1 023
	virion part	1
	membrane part	811
	cell part	2 830
molecular function	protein binding transcription factor activity	15
	nucleic acid binding transcription factor activity	137
	catalytic activity	3 523
	receptor activity	21
	guanyl-nucleotide exchange factor activity	10
	structural molecule activity	212
	transporter activity	461
	binding	3 189
	electron carrier activity	138
	antioxidant activity	61
	enzyme regulator activity	63
	translation regulator activity	1
	nutrient reservoir activity	11
	molecular transducer activity	79
biological process	reproduction	78
	cell killing	3
	immune system process	76
	metabolic process	4 519
	cellular process	3 864
	reproductive process	295
	biological adhesion	21
	signaling	324
	multicellular organismal process	473
	developmental process	632
	growth	107
	locomotion	3
	single-organism process	3 228
	biological phase	19
	rhythmic process	11
	response to stimulus	1 271
	localization	1 077
	multi-organism process	173
	biological regulation	1 218
	cellular component organization or biogenesis	771

注:#GO_classify1—GO 一级分类名称;GO_classify2—GO 二级分类名称;Paulownia Unigene—某一分类的基因数目。

（九）MMS 处理白花泡桐幼苗的重复性分析

通过分析 60 mg/L 和 20 mg/L MMS 在不同时间点处理的白花泡桐丛枝病幼苗的转录组结果，每个样品 3 个重复，然后进行 FPKM 值统计（见图 5-17）。在 FPKM 数值的基础上，进行所有样品的重复性评估（见图 5-18），结果显示，转录组测序 3 个样品重复性较好，数据可靠性强，可以用于后续分析。

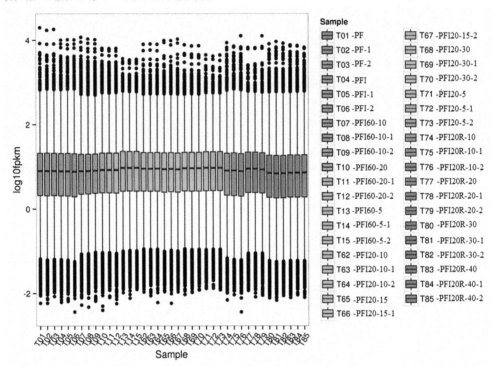

图 5-17　MMS 处理样品的 FPKM

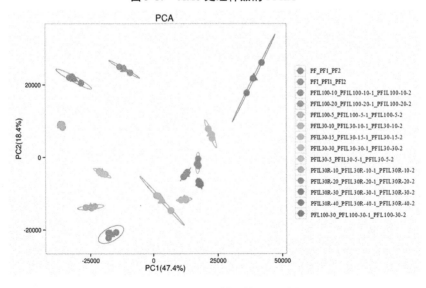

图 5-18　MMS 处理样品的 PCA 分析

二、利福平处理对白花泡桐从治病幼苗基因表达分析

(一)测序碱基质量值和含量分析

本研究首先对利福平 2 种浓度在不同时间点处理的 13 个样品的测序 reads 进行质量值分布统计(见图5-19),每个样品 3 个生物学重复,横坐标为 reads 的碱基位置,纵坐标为单碱基错误率,结果显示,尽管测序错误率会随着测序序列(sequenced reads)长度的增加而升高,在本研究所设置的测序长度内,所有测序样品低质量(<20)的碱基比例都较低,说明测序准确度越高。其次,还对测序样品获得的 reads 进行碱基含量分布图的绘制(见图 5-20),图中 X 轴上 1~100 bp 为 read1 的碱基位置,100~2 000 bp 为 read2 的碱基位置。A、T 曲线重合,G、C 曲线重合,说明这 13 个样品均显示碱基组成平衡,测序质量比较好。

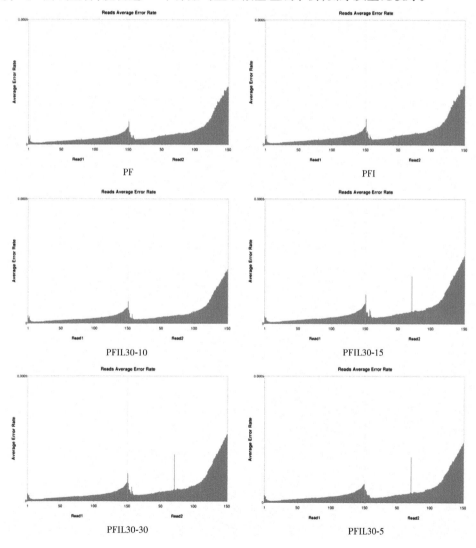

图 5-19　利福平处理样品的碱基测序错误率分布图

横坐标为 Reads 的碱基位置,纵坐标为单碱基错误率。

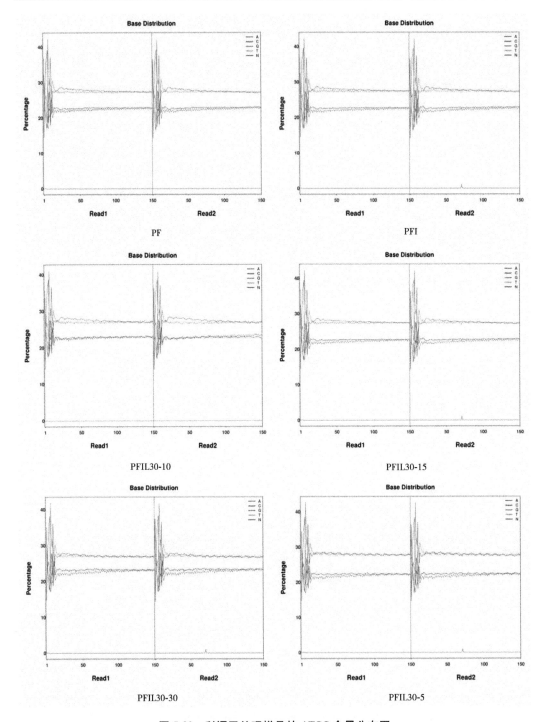

图 5-20 利福平处理样品的 ATGC 含量分布图

横坐标为 Reads 的碱基位置,纵坐标为单碱基所占比例。

（二）利福平处理丛枝病幼苗的测序数据统计

通过对白花泡桐 100 mg/L 和 30 mg/L 利福平不同时间点处理病苗的 13 个样品的高通量测序,共获得 total reads 为:119 427 734（PFIL30R-10）、102 953 926（PFIL30R-10-1）、129 098 580（PFIL30R-10-2）、113 878 024（PFIL30R-20）、97 791 272（PFIL30R-20-1）、105 998 708（PFIL30R-20-2）、100 760 990（PFIL30R-30）、110 458 124（PFIL30R-30-1）、107 082 558（PFIL30R-30-2）(见表 5-10)。通过过滤去除低质量的 read 后获得的 clean reads 结果见表 5-10,所有样品测序结果显示其 GC% 含量均在 40%~60%,Q30 均在 90% 以上,说明测序数据较好,可以用于下游分析。

表 5-10　利福平处理样品测序数据统计

Sample	Total Reads	Clean reads	GC(%)	≥Q30(%)
PF	100 688 920	50 344 460	44.86	94.29
PF-1	103 701 322	51 850 661	44.57	93.96
PF-2	107 355 454	53 677 727	44.82	93.76
PFI	103 738 518	51 869 259	45.26	94.36
PFI-1	107 609 118	53 804 559	45.07	93.52
PFI-2	95 898 588	47 949 294	45.21	93.97
PFI L30R-10	119 427 734	59 713 867	45.07	93.77
PFI L30R-10-1	102 953 926	51 476 963	44.85	93.24
PFI L30R-10-2	129 098 580	64 549 290	44.93	92.99
PFI L30R-20	113 878 024	56 939 012	45.07	94.72
PFI L30R-20-1	97 791 272	48 895 636	45.39	94.73
PFI L30R-20-2	105 998 708	52 999 354	44.99	94.72
PFI L30R-30	100 760 990	50 380 495	44.94	94.90
PFI L30R-30-1	110 458 124	55 229 062	44.98	94.72
PFI L30R-30-2	107 082 558	53 541 279	45.00	94.70
PFI L30R-40	124 966 706	62 483 353	44.99	94.69
PFI L30R-40-1	111 064 698	55 532 349	45.07	92.03
PFI L30R-40-2	109 949 940	54 974 970	45.26	92.40
PFI L30-10	101 861 778	50 930 889	44.90	94.19
PFI L30-10-1	83 372 884	41 686 442	45.80	91.39
PFI L30-10-2	96 235 200	48 117 600	44.84	94.56
PFI L30-15	114 928 488	57 464 244	44.78	93.33
PFI L30-15-1	101 167 582	50 583 791	44.99	92.96
PFI L30-15-2	107 022 422	53 511 211	44.95	92.99
PFI L30-30	110 160 886	55 080 443	45.66	93.89

续表 5-10

Sample	Total Reads	Clean reads	GC(%)	≥Q30(%)
PFI L30-30-1	97 895 524	48 947 762	45.93	93.60
PFI L30-30-2	103 449 172	51 724 586	45.56	93.32
PFI L30-5	102 465 846	51 232 923	44.46	93.68
PFI L30-5-1	127 817 488	63 908 744	44.25	93.71
PFI L30-5-2	105 809 832	52 904 916	44.39	93.86
PFI L100-10	110 452 982	55 226 491	45.17	93.91
PFI L100-10-1	110 435 326	55 217 663	45.18	94.04
PFI L100-10-2	101 645 666	50 822 833	45.42	93.15
PFI L100-20	95 152 848	47 576 424	45.51	93.32
PFI L100-20-1	119 161 326	59 580 663	45.34	93.56
PFI L100-20-2	121 043 938	60 521 969	45.23	92.99
PFI L100-5	108 646 562	54 323 281	44.47	93.13
PFI L100-5-1	113 176 348	56 588 174	44.63	93.54
PFI L100-5-2	119 348 088	59 674 044	44.67	93.59

注:Samples—样品信息单样品名称;Clean reads—Clean Data 中 pair-end Reads 总数;GC content—Clean DataGC 含量, 即 Clean Data 中 G 和 C 两种碱基占总碱基的百分比;≥Q30(%)—Clean Data 质量值大于或等于 30 的碱基所占的百分比。

(三)比对效率统计

采用 TopHat2 软件将上述测序的 13 个样品的 clean reads 与参考基因组进行序列比对,每个样品 3 个生物学重复。结果显示,100 mg/L 利福平处理 20 d 幼苗与基因组比对上的序列(mapped reads)占总序列(total reads)的比例分别为 72.35%、72.24%、62.52%,30 mg/L 利福平处理 30 d 的比例分别为 75.57%、74.50%、74.38%,其他处理浓度的见表 5-11。从比对结果来看,各样品的 Reads 与参考基因组的比对效率在 62%~82%,说明转录组数据可靠性较好,可以用于下游分析。

表 5-11　利福平处理的样品的测序数据与所选参考基因组的序列比对结果统计

Sample	Total Reads	Mapped Reads (Mapped Rate)	Uniq Mapped Reads (Uniq Mapped Rate)	Multiple Mapped Reads (Multiple Mapped Rate)
PF	100 688 920	81 886 157(81.33%)	78 084 459(77.55%)	3 801 698(3.78%)
PF-1	103 701 322	84 084 925(81.08%)	79 969 334(77.12%)	4 115 591(3.97%)
PF-2	107 355 454	86 726 449(80.78%)	82 471 349(76.82%)	4 255 100(3.96%)
PFI	103 738 518	76 283 485(73.53%)	72 714 189(70.09%)	3 569 296(3.44%)
PFI-1	107 609 118	78 575 950(73.02%)	74 809 736(69.52%)	3 766 214(3.50%)
PFI-2	95 898 588	70 135 008(73.13%)	66 861 186(69.72%)	3 273 822(3.41%)
PFI L30R-10	119 427 734	85 345 214(71.46%)	80 590 506(67.48%)	4 754 708(3.98%)

续表 5-11

Sample	Total Reads	Mapped Reads (Mapped Rate)	Uniq Mapped Reads (Uniq Mapped Rate)	Multiple Mapped Reads (Multiple Mapped Rate)
PFI L30R-10-1	102 953 926	72 935 986(70.84%)	68 933 645(66.96%)	4 002 341(3.89%)
PFI L30R-10-2	129 098 580	91 154 153(70.61%)	85 993 553(66.61%)	5 160 600(4.00%)
PFI L30R-20	113 878 024	85 339 443(74.94%)	81 322 977(71.41%)	4 016 466(3.53%)
PFI L30R-20-1	97 791 272	73 340 075(75.00%)	69 875 106(71.45%)	3 464 969(3.54%)
PFI L30R-20-2	105 998 708	79 517 090(75.02%)	75 729 828(71.44%)	3 787 262(3.57%)
PFI L30R-30	100 760 990	76 720 708(76.14%)	73 357 412(72.80%)	3 363 296(3.34%)
PFI L30R-30-1	110 458 124	83 952 610(76.00%)	80 222 808(72.63%)	3 729 802(3.38%)
PFI L30R-30-2	107 082 558	81 144 395(75.78%)	77 385 982(72.27%)	3 758 413(3.51%)
PFI L30R-40	124 966 706	95 445 456(76.38%)	91 089 558(72.89%)	4 355 898(3.49%)
PFI L30R-40-1	111 064 698	80 807 484(72.76%)	77 185 509(69.50%)	3 621 975(3.26%)
PFI L30R-40-2	109 949 940	80 395 828(73.12%)	76 834 863(69.88%)	3 560 965(3.24%)
PFI L30-10	101 861 778	77 071 982(75.66%)	73 178 064(71.84%)	3 893 918(3.82%)
PFI L30-10-1	83 372 884	55 058 182(66.04%)	51 666 059(61.97%)	3 392 123(4.07%)
PFI L30-10-2	96 235 200	73 553 779(76.43%)	70 124 728(72.87%)	3 429 051(3.56%)
PFI L30-15	114 928 488	83 754 531(72.88%)	79 867 693(69.49%)	3 886 838(3.38%)
PFI L30-15-1	101 167 582	72 625 905(71.79%)	69 212 527(68.41%)	3 413 378(3.37%)
PFI L30-15-2	107 022 422	77 282 521(72.21%)	73 618 806(68.79%)	3 663 715(3.42%)
PFI L30-30	110 160 886	83 245 262(75.57%)	79 373 747(72.05%)	3 871 515(3.51%)
PFI L30-30-1	97 895 524	72 931 474(74.50%)	68 870 624(70.35%)	4 060 850(4.15%)
PFI L30-30-2	103 449 172	76 943 517(74.38%)	72 870 487(70.44%)	4 073 030(3.94%)
PFI L30-5	102 465 846	75 865 429(74.04%)	72 098 397(70.36%)	3 767 032(3.68%)
PFI L30-5-1	127 817 488	95 183 140(74.47%)	90 568 443(70.86%)	4 614 697(3.61%)
PFI L30-5-2	105 809 832	78 893 307(74.56%)	75 018 321(70.90%)	3 874 986(3.66%)
PFI L100-10	110 452 982	80 931 122(73.27%)	76 957 347(69.67%)	3 973 775(3.60%)
PFI L100-10-1	110 435 326	81 527 230(73.82%)	77 562 450(70.23%)	3 964 780(3.59%)
PFI L100-10-2	101 645 666	73 140 847(71.96%)	69 140 563(68.02%)	4 000 284(3.94%)
PFI L100-20	95 152 848	68 843 675(72.35%)	65 371 842(68.70%)	3 471 833(3.65%)
PFI L100-20-1	119 161 326	86 084 348(72.24%)	81 715 003(68.58%)	4 369 345(3.67%)
PFI L100-20-2	121 043 938	75 682 032(62.52%)	71 816 965(59.33%)	3 865 067(3.19%)
PFI L100-5	108 646 562	78 115 290(71.90%)	74 221 550(68.31%)	3 893 740(3.58%)
PFI L100-5-1	113 176 348	81 798 700(72.28%)	77 773 271(68.72%)	4 025 429(3.56%)
PFI L100-5-2	119 348 088	86 987 522(72.89%)	82 690 360(69.29%)	4 297 162(3.60%)

注:Sample—样品名称;Total Reads—Clean Reads 数目,按单端计;Mapped Reads—比对到参考基因组上的 Reads 数目及在 Clean Reads 中占的百分比;Uniq Mapped Reads—比对到参考基因组唯一位置的 Reads 数目及在 Clean Reads 中占的百分比;Multiple Mapped Reads—比对到参考基因组多处位置的 Reads 数目及在 Clean Reads 中占的百分比。

(四)转录组文库质量评估

本研究通过测序样品的 mRNA 片段化随机性检验、插入片段长度检验和转录组测序数据饱和度检验 3 种方式对转录组文库质量进行评估,结果显示 2 种利福平浓度不同时间点处理的 13 个样品经过与参考基因组比对后获得的 mapped reads 在 mRNA 转录本上的位置分布均匀,说明此样品的测序随机性较好。

插入片段长度的离散程度能直接反映出文库制备过程中磁珠纯化的效果。通过本研究 13 个样品的测序产生 reads 在参考基因组上的比对起止点之间的距离计算插入片段长度(见图 5-21)。结果显示,在插入片段长度模拟分布图中,主峰右侧形成无杂峰,说明插入片段长度离散程度较好,可以进行后续分析。

为了评估 13 个样品测序数据是否充足并满足后续分析,本研究对测序得到的基因数进行饱和度检测(见图 5-22),结果显示随着测序数据量的增加,检测到的不同表达量的基因数目是否趋于饱和,说明测序文库质量较高,可以用于后续分析。

(五)SNP/InDel 分析

对 13 个测序样品中产生的 SNP 位点数目、转换类型比例、颠换类型比例以及杂合型 SNP 位点比例进行统计(见表 5-12),每个样品 3 个重复,结果显示 13 个样品的 SNP 突变位点以 A→G、G→A、C→T、T→C 突变类型为主(见图 5-23),健康苗的 SNP 位点数分别为 181 987(PF)、187 408(PF-1)、180 526(PF-2),病苗的 SNP 位点数分别为 336 153(PFI)、342 802(PFI-1)、332 104(PFI-2),可以看出病苗的 SNP 位点总数明显高于健康苗,而杂合型 SNP 位点数目在总 SNP 位点数目中所占的百分比又明显低于健康苗,30 mg/L 利福平不同时间点处理病苗在恢复 40 d 时 SNP 位点数分别为 411 761(PFIL30R-40)、392 828(PFIL30R-40-1)、392 010(PFIL30R-40-2),与病苗相近,前期预试验结果也显示恢复 40d 幼苗体内植原体含量接近于病苗,说明植原体感染增加了 SNP 数量,即增加了基因组上单个核苷酸的变异,该结果说明利福平处理对基因结构的变化影响不大,采用利福平处理丛枝病幼苗模拟植原体感染过程中 SNP 的变化较大,该结果说明植原体感染影响了泡桐基因的表达水平或者蛋白产物的种类。

在上述 SNP 统计的基础上,本研究采用 SNPEff 分别对利福平处理的 13 个样品的 SNP/InDel 进行注释,结果统计如图 5-24 和图 5-25 所示,纵轴为 InDel 所在区域或类型,横轴为分类数目。从图中可以看出,SNP 注释结果主要分布在内含子区、基因上游和基因下游区域,InDel 注释结果与 SNP 注释结果分布类似,该结果为后续研究提供基础。

(六)可变剪接事件预测

根据材料与方法的描述,采用利福平处理的幼苗不同样品中的可变剪接类型也可细分为 12 类,通过对各种样品的可变剪切事件的统计,如图 5-26 所示,发现所检测的样品均以 TSS 和 TTS 为主。

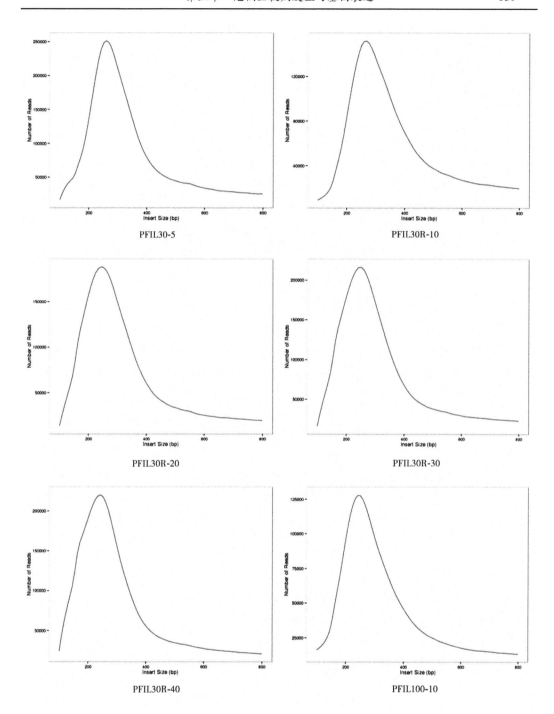

图 5-21 利福平处理样品的插入片段长度模拟分布图

横坐标为双端 Reads 在参考基因组上的比对起止点之间的距离,范围为 0~800 bp;

纵坐标为比对起止点之间不同距离的双端 Reads 或插入片段数量。

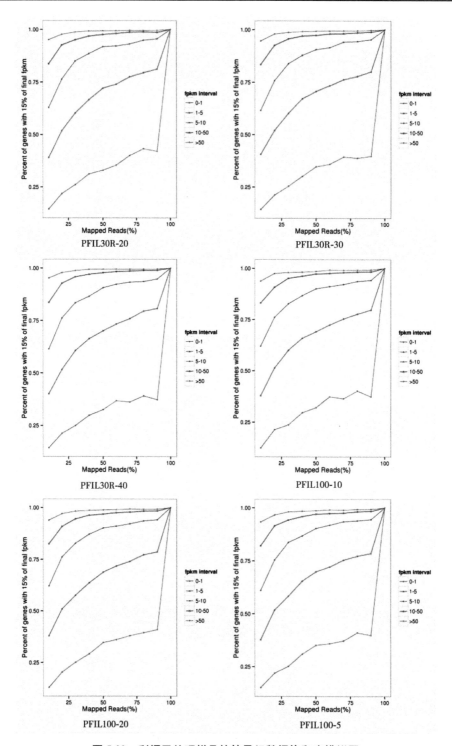

图 5-22　利福平处理样品的转录组数据饱和度模拟图

本图为随机抽取 10%、20%、30%、…、90%的总体测序数据单独进行基因定量分析的结果；
横坐标代表抽取数据定位到基因组上的 Reads 数占总定位的 reads 数的百分比，纵坐标代表
所有抽样结果中表达量差距小于 15%的 Gene 在各个 FPKM 范围的百分比。

表 5-12　利福平处理幼苗的 SNP 位点统计

Sample	SNP Number	Genic SNP	Intergenic SNP	Transition (%)	Transversion (%)	Heterozygosity (%)
PF	181 987	142 315	39 672	60.23	39.77	89.91
PF-1	187 408	146 508	40 900	60.24	39.76	90.45
PF-2	180 526	141 268	39 258	60.21	39.79	90.19
PFI	336 153	262 957	73 196	60.30	39.70	74.26
PFI-1	342 802	268 204	74 598	60.30	39.70	74.21
PFI-2	332 104	259 974	72 130	60.34	39.66	74.27
PFI L30-10	394 338	309 417	84 921	60.03	39.97	73.97
PFI L30-10-1	332 220	258 703	73 517	60.36	39.64	73.95
PFI L30-10-2	392 499	307 927	84 572	60.02	39.98	73.81
PFI L30-15	383 229	299 849	83 380	60.09	39.91	74.44
PFI L30-15-1	360 735	282 849	77 886	60.28	39.72	74.63
PFI L30-15-2	361 559	283 153	78 406	60.24	39.76	74.63
PFI L30-30	388 590	306 559	82 031	60.01	39.99	73.69
PFI L30-30-1	374 542	296 210	78 332	60.18	39.82	73.76
PFI L30-30-2	378 593	298 835	79 758	60.05	39.95	73.78
PFI L30-5	395 773	310 472	85 301	60.01	39.99	73.76
PFI L30-5-1	415 509	326 003	89 506	59.87	40.13	73.91
PFI L30-5-2	401 336	314 898	86 438	60.01	39.99	73.80
PFI L30R-10	368 563	289 871	78 692	60.11	39.89	74.17
PFI L30R-10-1	355 589	279 991	75 598	60.26	39.74	74.22
PFI L30R-10-2	374 480	293 986	80 494	60.13	39.87	74.14
PFI L30R-20	399 768	313 711	86 057	59.97	40.03	73.76
PFI L30R-20-1	383 022	300 731	82 291	60.07	39.93	73.71
PFI L30R-20-2	392 958	308 760	84 198	59.98	40.02	73.67
PFI L30R-30	396 905	311 073	85 832	59.94	40.06	73.78
PFI L30R-30-1	407 373	319 159	88 214	59.97	40.03	73.79
PFI L30R-30-2	406 761	318 700	88 061	59.94	40.06	73.79
PFI L30R-40	411 761	321 388	90 373	59.81	40.19	73.92
PFI L30R-40-1	392 828	306 418	86 410	59.91	40.09	73.82
PFI L30R-40-2	392 010	306 137	85 873	59.95	40.05	73.58
PFI L100-10	373 938	292 704	81 234	60.03	39.97	74.11
PFI L100-10-1	373 821	292 728	81 093	60.09	39.91	74.08
PFI L100-10-2	360 582	282 610	77 972	60.14	39.86	74.20
PFI L100-20	355 606	279 743	75 863	60.29	39.71	74.23
PFI L100-20-1	373 363	292 989	80 374	60.11	39.89	74.29
PFI L100-20-2	368 891	289 497	79 394	60.13	39.87	74.35
PFI L100-5	373 869	292 181	81 688	60.06	39.94	74.04
PFI L100-5-1	377 237	294 632	82 605	60.05	39.95	74.03
PFI L100-5-2	364 857	285 506	79 351	60.16	39.84	73.99

注：Sample—样品编号；SNP Number—SNP 位点总数；Genic SNP—基因区 SNP 位点总数；Intergenic SNP—基因间区 SNP 位点总数；Transition—转换类型的 SNP 位点数目在总 SNP 位点数目中所占的百分比；Transversion—颠换类型的 SNP 位点数目在总 SNP 位点数目中所占的百分比；Heterozygosity—杂合型 SNP 位点数目在总 SNP 位点数目中所占的百分比。

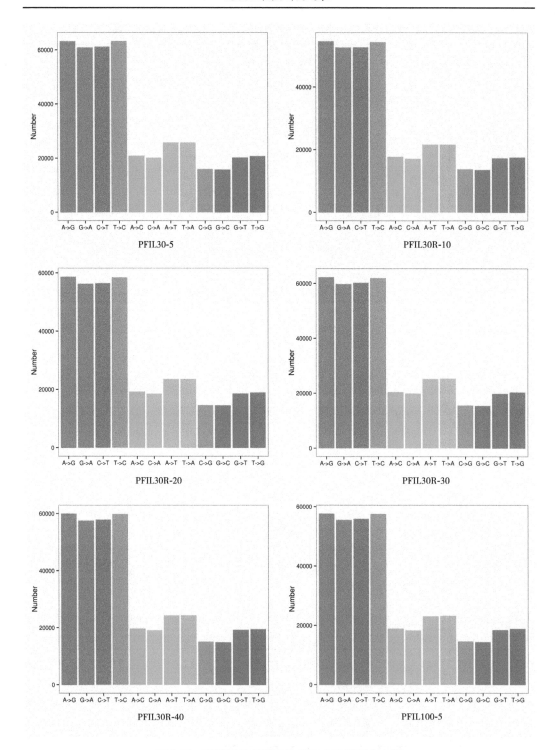

图 5-23 利福平处理样品的 SNP 突变类型分布图

横轴为 SNP 突变类型,纵轴为相应的 SNP 数目。

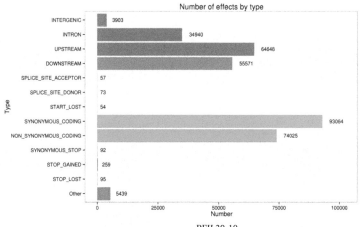

PFIL30-10

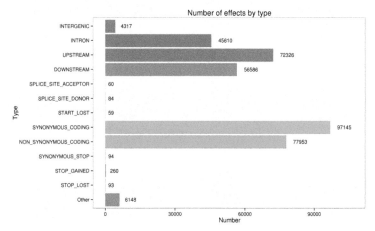

PFIL30-15

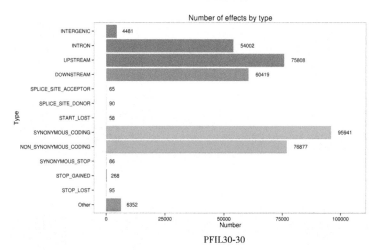

PFIL30-30

图 5-24　利福平处理样品的 SNP 注释分类图

纵轴为 SNP 所在区域或类型,横轴为分类数目。

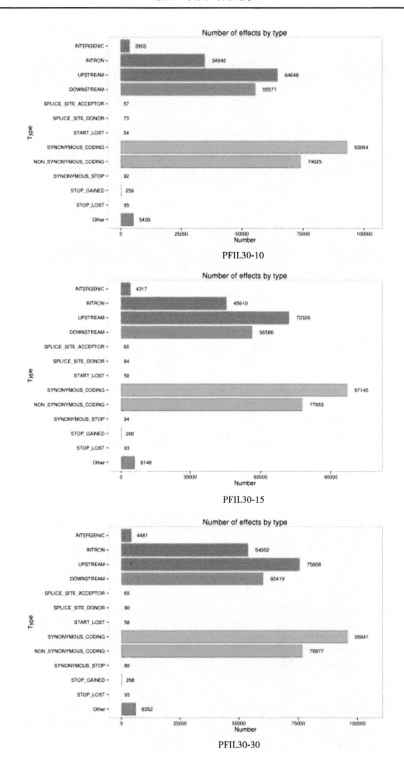

图 5-25 利福平处理样品的 InDel 注释分类图
纵轴为 InDel 所在区域或类型,横轴为分类数目。

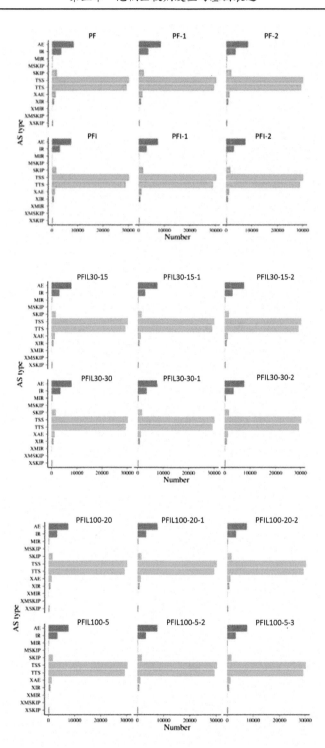

图 5-26　利福平处理样品的可变剪接事件数量统计

横轴为该种事件下可变剪切的数量,纵轴为可变剪切事件的分类缩写。

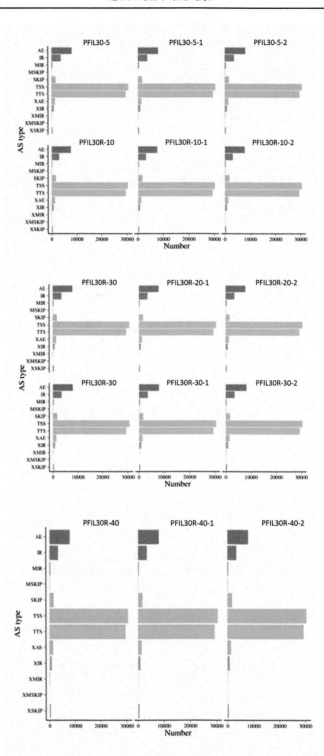

续图5-26

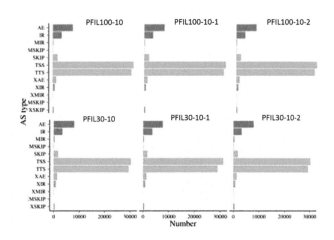

续图 5-26

(七)新基因分析

采用 Cufflinks 软件对 13 个样品 Mapped Reads 进行拼接,并与原有的白花泡桐基因组注释信息进行比较,寻找原来未被注释的转录区,过滤掉编码的肽链过短(少于 50 个氨基酸残基)或只包含单个外显子的序列,共发掘 1 555 个新基因,其中有功能注释的有 1 303个(见表 5-13)。然后将得到的新基因功能在 eggNOG 数据库进行分类,注释到的基因分别属于 25 个 cluster(见图 5-27),基因数量最多的是未知功能类(276)(见表 5-14),其次是一般功能类(202)、信号转导机制(102)、转录后修饰、蛋白折叠和伴侣(84),而核结构(3)和细胞外结构(1)类最少。

表 5-13 利福平处理样品的新基因功能注释

Anno_Database	Annotated_Number	300≤length<1 000	length≥1 000
COG_Annotation	364	90	274
GO_Annotation	726	219	502
KEGG_Annotation	557	168	383
Swissprot_Annotation	816	230	582
eggNOG_Annotation	1 201	358	834
nr_Annotation	1 302	408	883
All_Annotated	1 303	408	884

注:Anno_Database—注释用的数据库;Annotated_Number—注释到的基因数目;300≤length<1 000—注释到的基因长度在 300~1 000 的数目;length≥1 000—注释到的基因长度大于等于 1 000 的基因数目。

表 5-14　利福平处理样品的新基因 eggNOG 分类数量统计

Class_Name	Numbers
Translation, ribosomal structure and biogenesis	64
RNA processing and modification	49
Transcription	69
Replication, recombination and repair	36
Chromatin structure and dynamics	13
Cell cycle control, cell division, chromosome partitioning	10
Nuclear structure	3
Defense mechanisms	8
Signal transduction mechanisms	102
Cell wall/membrane/envelope biogenesis	6
Cell motility	0
Cytoskeleton	32
Extracellular structures	1
Intracellular trafficking, secretion, and vesicular transport	33
Posttranslational modification, protein turnover, chaperones	84
Energy production and conversion	41
Carbohydrate transport and metabolism	46
Amino acid transport and metabolism	30
Nucleotide transport and metabolism	12
Coenzyme transport and metabolism	24
Lipid transport and metabolism	36
Inorganic ion transport and metabolism	18
Secondary metabolites biosynthesis, transport and catabolism	42
General function prediction only	202
Function unknown	276

注:Class_Name—注释分类名称;Numbers—某个分类上注释到的基因数目。

然后对新基因进行了 GO 分类统计(见图 5-28),结果表明 726 个新基因被注释到 39 个 GO term 上,其中生物学过程相关基因主要参与了代谢过程(500)、细胞过程(415)、器官过程(332)、对刺激的相应(144)和生物调控(109),作为细胞组分的基因主要集中在细胞部分(352)和细胞(350),而与分子功能相关的基因主要是催化活力(389)和绑定(347)。

最后把新基因进行 Nr 功能注释,然后进行物种相似性分布统计(见图 5-29)。结果显示,注释到芝麻(859,65.98%)中的基因最多,其次是黄色猴面花(168,12.90%)。

(八)所有基因分析

通过转录组测序,共发现基因 33 418 个,其中新基因 1 555 个。在发现的基因中,有 31 823 个基因有功能注释(见表 5-15)。将得到的所有基因功能在 COG 数据库进行分类(见图 5-30),结果显示 11 616 个注释到的基因分别属于 25 个 cluster(见表 5-16),其中基因数量最多的是一般功能预测(3 338),其次是转录(1 833)、复制、重组和修饰(1 819)及信号转导机制(1 576),而细胞外结构(2)类最少。

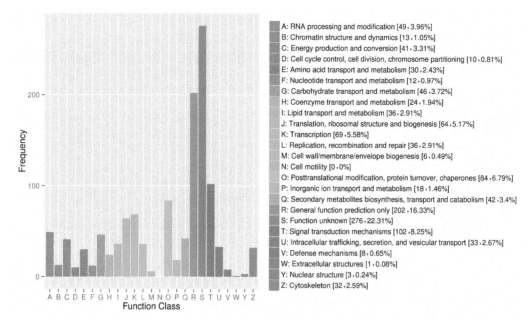

图 5-27 利福平处理样品新基因 eggNOG 分类

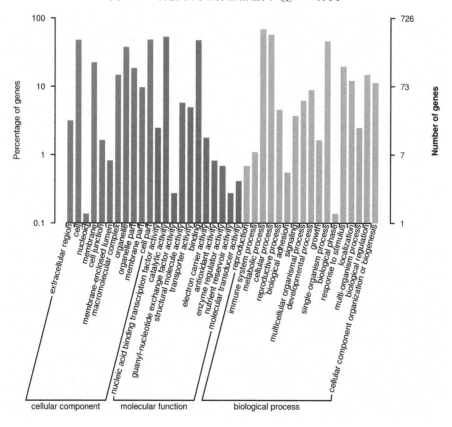

图 5-28 利福平处理样品新基因 GO 分类

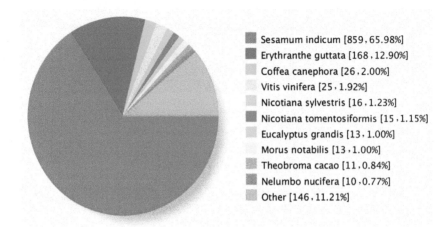

图 5-29　利福平处理样品新基因 Nr 功能注释

Species_Name—注释到的物种名称；Homologous_Number—注释到某物种上的基因数目；
Ratio—注释到某物种的基因占总检测到的基因的比例。

表 5-15　利福平处理幼苗的所有基因功能注释

#Anno_Database	Annotated_Number	300≤length<1 000	length≥1 000
COG_Annotation	11 616	3 545	7 964
GO_Annotation	6 796	2 486	4 142
KEGG_Annotation	11 415	4 315	6 840
Swiss-Prot_Annotation	22 387	8 026	13 947
eggNOG_Annotation	30 556	12 092	17 641
NR_Annotation	31 738	12 853	17 965
All_Annotated	31 823	12 898	17 998

注：#Anno_Database—注释用的数据库；Annotated_Number—注释到的基因数目；300≤length<1 000—注释到的基因
长度在 300~1 000 的数目；length≥1 000—注释到的基因长度大于等 1 000 的基因数目。

表 5-16　利福平处理幼苗的所有基因的 COG 功能分类

#ID	Class_Name	Numbers
J	Translation, ribosomal structure and biogenesis	890
A	RNA processing and modification	249
K	Transcription	1 833
L	Replication, recombination and repair	1 819
B	Chromatin structure and dynamics	111
D	Cell cycle control, cell division, chromosome partitioning	375
Y	Nuclear structure	2
V	Defense mechanisms	232
T	Signal transduction mechanisms	1 576
M	Cell wall/membrane/envelope biogenesis	436
N	Cell motility	12

续表 5-16

#ID	Class_Name	Numbers
Z	Cytoskeleton	220
W	Extracellular structures	0
U	Intracellular trafficking, secretion, and vesicular transport	215
O	Posttranslational modification, protein turnover, chaperones	1 119
C	Energy production and conversion	640
G	Carbohydrate transport and metabolism	897
E	Amino acid transport and metabolism	744
F	Nucleotide transport and metabolism	171
H	Coenzyme transport and metabolism	302
I	Lipid transport and metabolism	482
P	Inorganic ion transport and metabolism	532
Q	Secondary metabolites biosynthesis, transport and catabolism	723
R	General function prediction only	3 338
S	Function unknown	403

注:#ID—COG 注释结果编号;Class_Name—eggNOG 注释分类名称;Numbers—COG 某个分类上注释到的基因数目。

同时将得到的所有基因功能在 eggNOG 数据库进行分类(见图 5-31),注释到的 30 556基因分别属于 25 个 cluster(见表 5-17),其中基因数量最多的是未知功能(7 613), 其次是一般功能预测(5 970)、信号转导机制(2 384)、转录后修饰、蛋白折叠和伴侣 (2 255),而细胞外结构(84)和核结构类(52)最少。

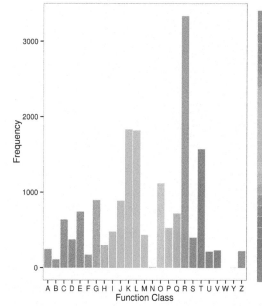

A: RNA processing and modification [249,1.44%]
B: Chromatin structure and dynamics [111,0.64%]
C: Energy production and conversion [640,3.69%]
D: Cell cycle control, cell division, chromosome partitioning [375,2.17%]
E: Amino acid transport and metabolism [744,4.3%]
F: Nucleotide transport and metabolism [171,0.99%]
G: Carbohydrate transport and metabolism [897,5.18%]
H: Coenzyme transport and metabolism [302,1.74%]
I: Lipid transport and metabolism [482,2.78%]
J: Translation, ribosomal structure and biogenesis [890,5.14%]
K: Transcription [1833,10.58%]
L: Replication, recombination and repair [1819,10.5%]
M: Cell wall/membrane/envelope biogenesis [436,2.52%]
N: Cell motility [12,0.07%]
O: Posttranslational modification, protein turnover, chaperones [1119,6.46%]
P: Inorganic ion transport and metabolism [532,3.07%]
Q: Secondary metabolites biosynthesis, transport and catabolism [723,4.17%]
R: General function prediction only [3338,19.27%]
S: Function unknown [403,2.33%]
T: Signal transduction mechanisms [1576,9.1%]
U: Intracellular trafficking, secretion, and vesicular transport [215,1.24%]
V: Defense mechanisms [232,1.34%]
W: Extracellular structures [0,0%]
Y: Nuclear structure [2,0.01%]
Z: Cytoskeleton [220,1.27%]

图 5-30　利福平处理幼苗获得所有基因 COG 分类统计结果

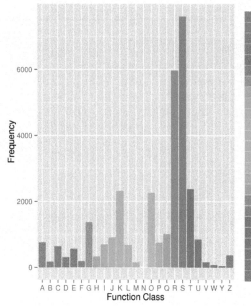

A: RNA processing and modification [759,2.48%]
B: Chromatin structure and dynamics [179,0.59%]
C: Energy production and conversion [644,2.11%]
D: Cell cycle control, cell division, chromosome partitioning [311,1.02%]
E: Amino acid transport and metabolism [564,1.84%]
F: Nucleotide transport and metabolism [186,0.61%]
G: Carbohydrate transport and metabolism [1369,4.48%]
H: Coenzyme transport and metabolism [330,1.08%]
I: Lipid transport and metabolism [693,2.27%]
J: Translation, ribosomal structure and biogenesis [906,2.96%]
K: Transcription [2318,7.58%]
L: Replication, recombination and repair [678,2.22%]
M: Cell wall/membrane/envelope biogenesis [154,0.5%]
N: Cell motility [0,0%]
O: Posttranslational modification, protein turnover, chaperones [2255,7.37%]
P: Inorganic ion transport and metabolism [745,2.44%]
Q: Secondary metabolites biosynthesis, transport and catabolism [1007,3.29%]
R: General function prediction only [5970,19.51%]
S: Function unknown [7613,24.89%]
T: Signal transduction mechanisms [2384,7.79%]
U: Intracellular trafficking, secretion, and vesicular transport [851,2.78%]
V: Defense mechanisms [164,0.54%]
W: Extracellular structures [84,0.27%]
Y: Nuclear structure [52,0.17%]
Z: Cytoskeleton [376,1.23%]

图 5-31　利福平处理样品所有基因 eggNOG 分类统计结果图

然后对所有基因进行了 GO 分类统计(见图 5-32),结果表明,6 796 个基因被注释到 49 个 GO term 上(见表 5-18),其中代谢过程相关基因(4 534)、细胞过程(3 860)、催化活力(3 545)、单细胞过程(3 238)和绑定(3 212),而病毒粒子(1)Goterm 中所含的基因数目最少。

最后把所有基因进行 Nr 功能注释,然后进行物种相似性分布统计(见图 5-33)。结果显示,注释到芝麻(23 886,75.26%)的基因最多,其次是黄色猴面花(4 161,13.11%)。

表 5-17　利福平处理样品所有基因 eggNOG 分类统计结果

#ID	Class_Name	Numbers
J	Translation, ribosomal structure and biogenesis	906
A	RNA processing and modification	759
K	Transcription	2 318
L	Replication, recombination and repair	678
B	Chromatin structure and dynamics	179
D	Cell cycle control, cell division, chromosome partitioning	311
Y	Nuclear structure	52
V	Defense mechanisms	164
T	Signal transduction mechanisms	2 384
M	Cell wall/membrane/envelope biogenesis	154
N	Cell motility	0
Z	Cytoskeleton	376

续表 5-17

#ID	Class_Name	Numbers
W	Extracellular structures	84
U	Intracellular trafficking, secretion, and vesicular transport	851
O	Posttranslational modification, protein turnover, chaperones	2 255
C	Energy production and conversion	644
G	Carbohydrate transport and metabolism	1 369
E	Amino acid transport and metabolism	564
F	Nucleotide transport and metabolism	186
H	Coenzyme transport and metabolism	330
I	Lipid transport and metabolism	693
P	Inorganic ion transport and metabolism	745
Q	Secondary metabolites biosynthesis, transport and catabolism	1 007
R	General function prediction only	5 970
S	Function unknown	7 613

注：#ID—eggNOG 注释结果编号；Class_Name—eggNOG 注释分类名称；Numbers—eggNOG 某个分类上注释到的基因数目。

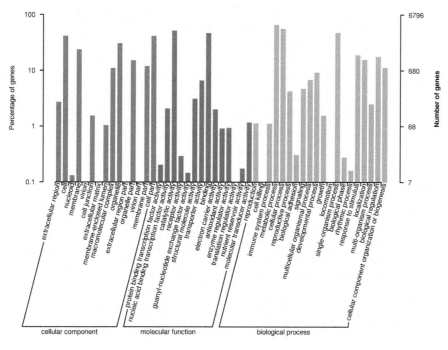

图 5-32　利福平处理样品所有基因 GO 分类

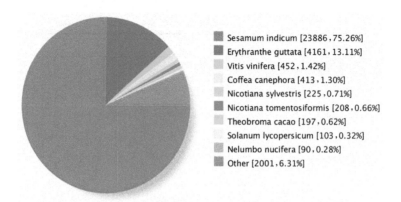

Sesamum indicum [23886，75.26%]
Erythranthe guttata [4161，13.11%]
Vitis vinifera [452，1.42%]
Coffea canephora [413，1.30%]
Nicotiana sylvestris [225，0.71%]
Nicotiana tomentosiformis [208，0.66%]
Theobroma cacao [197，0.62%]
Solanum lycopersicum [103，0.32%]
Nelumbo nucifera [90，0.28%]
Other [2001，6.31%]

图 5-33　利福平处理样品所有基因 Nr 功能注释

(九)利福平处理白花泡桐幼苗的重复性分析

通过分析 100 mg/L 和 30 mg/L 利福平在不同时间点处理的白花泡桐丛枝病幼苗的转录组结果,每个样品 3 个重复,然后进行 FPKM 值统计(见图 5-34)。在 FPKM 数值的基础上,进行所有样品的重复性评估(见图 5-35),结果显示,转录组测序 3 个样品重复性较好,数据可靠性强,可以用于后续分析。

表 5-18　利福平处理样品所有基因 GO 分类统计结果

GO_classify1	GO_classify2	Royal Unigene
cellular component	extracellular region	187
	cell	2 840
	nucleoid	9
	membrane	1 616
	virion	1
	cell junction	105
	extracellular matrix	4
	membrane-enclosed lumen	71
	macromolecular complex	754
	organelle	2 084
	extracellular region part	5
	organelle part	1 029
	virion part	1
	membrane part	815
	cell part	2 853
molecular function	protein binding transcription factor activity	14
	nucleic acid binding transcription factor activity	142
	catalytic activity	3 545
	receptor activity	20
	guanyl-nucleotide exchange factor activity	10
	structural molecule activity	215
	transporter activity	453

续表 5-18

GO_classify1	GO_classify2	Royal Unigene
molecular function	binding	3 212
	electron carrier activity	137
	antioxidant activity	62
	enzyme regulator activity	64
	translation regulator activity	1
	nutrient reservoir activity	12
	molecular transducer activity	80
biological process	reproduction	77
	cell killing	3
	immune system process	76
	metabolic process	4 534
	cellular process	3 860
	reproductive process	291
	biological adhesion	21
	signaling	323
	multicellular organismal process	464
	developmental process	625
	growth	106
	locomotion	2
	single-organism process	3 238
	biological phase	19
	rhythmic process	11
	response to stimulus	1 283
	localization	1 067
	multi-organism process	172
	biological regulation	1 217
	cellular component organization or biogenesis	772

注：GO_classify1—GO 一级分类名称；GO_classify2—GO 二级分类名称；Royal Unigene—某一分类的基因数目。

三、WGCNA 共表达分析

植物植原体感染可以改变寄主大量基因的表达和调控网络的变化，这些基因的表达变化可能与丛枝病的发生有密切关系。为了深入挖掘与泡桐丛枝病发生特异相关的潜在关键基因，本研究对不同浓度 MMS 和利福平处理白花泡桐病苗不同时间点（每个样本 3 个生物学重复）的转录组数据（fpkm>0.1）进行了加权基因共表达网络分析（WGCNA），获得了 24 个不同的基因网络模块（见图 5-36）。依据植原体感染后泡桐表现出腋芽丛生、叶片发黄、花变叶和矮化等典型症状，重点关注与光合作用、叶绿素合成、防御反应、细胞壁降解、花的生长发育以及转录和复制等相关的基因的表达情况，通过对各个 module 中的基因进行趋势分析和功能注释分析，找到了 4 个与丛枝病发生特异相关的 module（lightgreen、navajowhite2、darkmegenta 和 darkviolet），分别包含 323 个、503 个、363 个和 992 个基因。

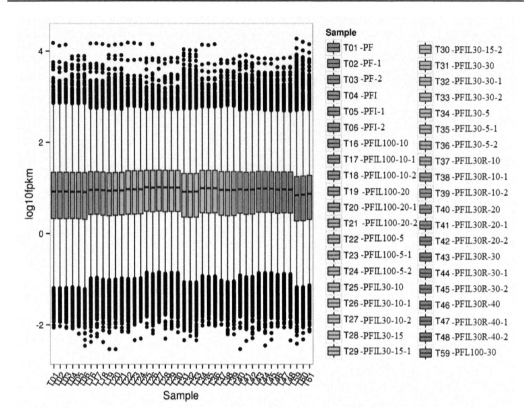

图 5-34　利福平处理样品的 FPKM

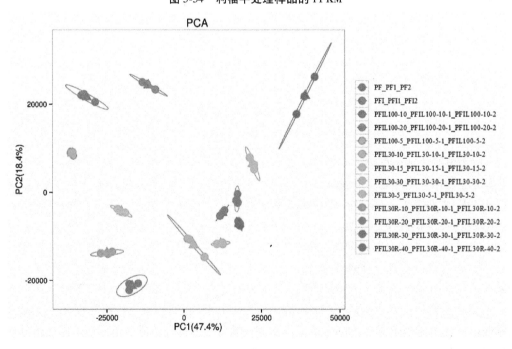

图 5-35　利福平处理样品的 PCA 图

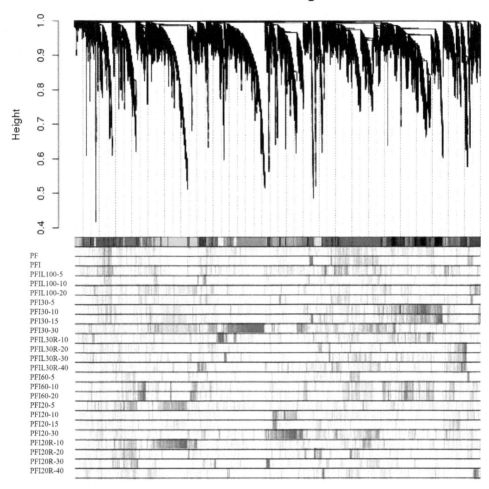

图 5-36　基因共表达网络分析(WGCNA)基于 24 个不同处理组表达水平的基因簇树状图

每个分支表示一个基因,下面的每个颜色表示一些基因共表达模块。动态树割表示根据基因
聚类结果划分的模块。合并动态表示通过组合具有类似表达式模式的模块来划分的模块。

为进一步分析说明这 4 个 module 的基因与丛枝病的发生有特定关系,找出潜在的与丛枝病发生密切相关的基因,分别对这 4 个 module 的基因进行 GO 富集分析、病健苗差异表达分析及 hub 基因共表达网络分析等。结果表明在 lightgreen module 中大部分的基因都富集于光合作用、叶绿素结合、放氧复合体活性和 Ca^{2+} 结合等 term 中,表明该 module 中的基因与植原体感染后叶片黄花和光合降低有关。同时对这些基因进行差异分析,在病健苗中差异的基因共有 112 个,对这些基因的功能进行分类分析发现,这些差异基因大都参与了光合作用、防御反应、调控花的生长发育等过程(见图 5-37(a))。趋势分析表明,lightgreen module 中的基因在患病后基因表达量增高,高浓度试剂(60 mg/L MMS 和 100 mg/L 利福平)处理后表达量降低,低浓度处理(20 mg/L MMS 和 30 mg/L 利福平)后在 5 d 时表达量急剧降低后升高,这是由于试剂处理后,此时间段植株体内植原体含量最少,而后随着试剂逐渐消耗,植原体含量又逐渐增多,导致丛枝病发生相关基因表达量升高。

恢复过程是植物逐渐发病的过程,此时相关基因的表达量逐渐升高,这与病苗中基因的表达趋势一致,但该模块中部分时间点不符合趋势(见图 5-37(b)),是由基因的表达有滞后性或者由于测序误差或者取样不合理等所导致。对该 module 中的基因进行共表达网络分析表明,该 module 中包含大量与光合作用相关的 hub gene(见图 5-38),如 LHCB4.2、PSAD2、LHCB5、PSAO、PSAL 和 PSBQ 等。由于植物表型等变化与基因表达存在一定的关系,因此该 module 中的基因的表达变化与丛枝病发生有密切关系。

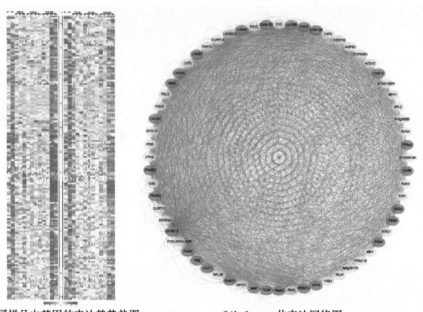

(a)不同样品中基因的表达趋势热图　　　　　(b)hub gene共表达网络图

图 5-37　Lightgreen module 中基因的表达趋势热图及共表达网络

对 navajowhite2 module 中基因进行 GO 富集分析,结果表明,navajowhite2 module 中基因大部分都富集于离子转运、苯丙烷代谢及防御反应等 term 中,表明该 module 基因与植原体侵染和相关效应蛋白质的转运相关。该 module 中在病健苗中差异的基因有 79 个,且大部分都参与了细胞内离子转运和防御反应等代谢途径(见图 5-39(a))。对该 module 中的基因进行趋势分析发现,该 module 中的大部分基因在各个处理点的表达量差异不明显(见图 5-40),除了利福平处理 10 d 时和 MMS 高浓度处理 20 d 时表达量急剧升高,由于一些参与转运的穿梭蛋白在不同的时间点会不差异,且一些与丛枝病发生密切相关的关键基因变化也不明显,因此该 module 中的基因也是与丛枝病发生密切相关。同时,共表达网络分析表明,该 module 中的 hub gene 基因大部分参与细胞壁降解、离子转运和转录因子调控,如 MSSP1、CLC2、NAKR2、EPC1、BHLH41、BHLH48 和 MYB11 等(见图 5-39(b))。由于植原体分泌的效应因子进入细胞内首先要将植物细胞壁溶解,且有文献报道转运蛋白 RAD23 家族蛋白在植原体侵染引起的花变叶中起到重要作用,因此该 module 中基因与丛枝病发生相关。

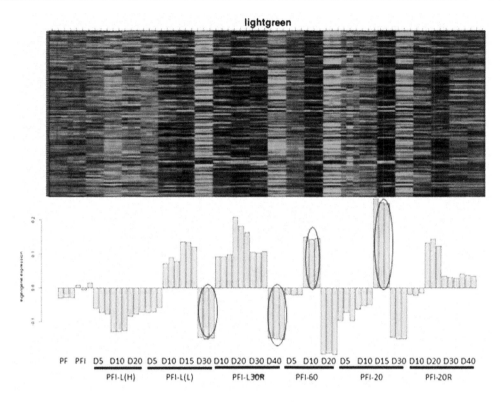

图 5-38 Lightgreen module 中基因共表达趋势

PF—健康苗;PFI—白花泡桐病苗;PFI-L(H)—100 mg/L 利福平浓度处理;PFI-L(L)—30 mg/L 利福平浓度处理;PFI-L30R—30 mg/L 利福平浓度处理后恢复;PFI-60—60 mg/L MMS 浓度处理;PFI-20—20 mg/L MMS 浓度处理;PFI-20R—20 mg/L MMS 浓度处理后恢复;D5、D10、D15、D20、D30 和 D40—处理的天数。

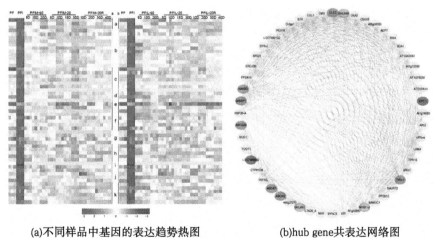

(a)不同样品中基因的表达趋势热图　　　　(b)hub gene共表达网络图

图 5-39 Navajowhite 2 module 中基因的表达趋势热图及共表达网络

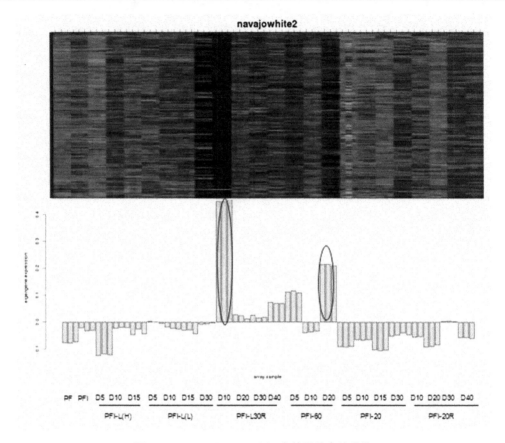

图 5-40　navajowhite2 module 中基因共表达趋势

PF—健康苗;PFI—白花泡桐病苗;PFI-L(H)—100 mg/L 利福平浓度处理;PFI-L(L)—30 mg/L 利福平浓度处理;PFI-L30R—30 mg/L 利福平浓度处理后恢复;PFI-60—60 mg/L MMS 浓度处理;PFI-20—20 mg/L MMS 浓度处理;PFI-20R—20 mg/L MMS 浓度处理后恢复;D5,D10,D15,D20,D30 和 D40—处理的天数。

　　Darkmegenta module 中基因 GO 富集分析结果表明,该 module 中基因大部分富集于 SA 依赖的超敏反应、细胞程序性死亡以及钙离子结合和蛋白激酶活性等 term。对该 module 中病健苗中差异的 65 个基因进行功能分析表明,该 module 中基因参与防御反应、细胞内离子转运、防御反应和信号转导等代谢通路(见图 5-41(a))。基因趋势分析发现,患病后相关基因的表达量比健康苗高,这说明植原体侵染后泡桐的防御反应被激活,高浓度 MMS 或利福平处理后基因表达量降低,且两种试剂中基因的表达趋势一致,利福平低浓度处理后相关基因的表达量先升高后降低,这是由于利福平对植原体的抑制作用发生在处理 10 d 之后,且随着利福平的作用相关基因表达量不断降低;恢复时表达量先升高再降低,是由于该阶段没有试剂的抑制,植原体迅速增多 5 d 时泡桐防御反应被激活,而后降低是由于防御系统被破坏,相关基因表达趋势降低(见图 5-42)。共表达网络分析结果显示,module 中的 hub gene 基因大部分参与防御反应,如 WRKY72、MAPK3、MYB14、CYP74A、WRKY31 和 MLO6 等(见图 5-41(b))。植物受到病原菌侵染时植物的免疫系统被激活,在此过程中参与信号转导过程的一系列基因的表达也被激活。因此,该 module 中的基因与泡桐抵御植原体侵染有密切的关系。

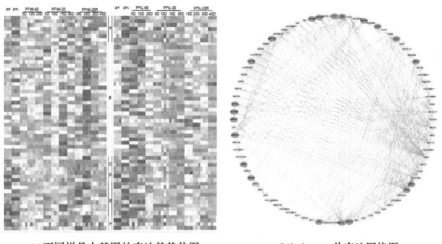

(a)不同样品中基因的表达趋势热图   (b)hub gene共表达网络图

图 5-41 Darkmegenta module 中基因的表达趋势热图及共表达网络

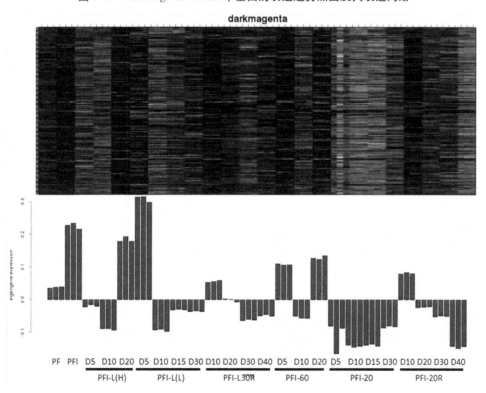

图 5-42 Darkmegenta module 中基因共表达趋势

PF—健康苗;PFI—白花泡桐病苗;PFI-L(H)—100 mg/L 利福平浓度处理;PFI-L(L)—30 mg/L 利福平浓度处理;PFI-L30R—30 mg/L 利福平浓度处理后恢复;PFI-60—60 mg/L MMS 浓度处理;PFI-20—20 mg/L MMS 浓度处理;PFI-20R—20 mg/L MMS 浓度处理后恢复;D5、D10、D15、D20、D30 和 D40—处理的天数。

　　Darkviolet module 中基因 GO 富集分析结果表明,该 module 中基因大部分富集于蛋白质入核、调控花的发育、有丝分裂 G2 期以及 mRNA 的输出等 term。同时对该 module 中的187 个病健苗中差异的基因进行功能分类分析,发现这些基因大部分参与了光合作用、防御反应、转录和翻译以及响应非生物胁迫等过程(见图 5-43(a))。由于丛枝病发生的过程中寄主泡桐为了抵御病原菌的侵染,寄主植株的代谢发生了明显的变化,因此认为植原体侵染必定会引起参与转录翻译和防御反应相关基因表达的变化。为进一步分析该module 中基因是否与丛枝病的发生有密切的关系,对该 module 中基因进行共表达网络分析,结果显示,这些 hub gene 大部分与防御、转录和翻译相关,如 TCP-1、RRF、NOL6、RH16和 IDH1 等(见图 5-44)。因此,该 module 中基因与丛枝病发生相关。尽管趋势分析发现该 module 中基因在病苗中的表达量比健康苗低,且在不同条件下的表达量差异不明显(见图 5-43(b)),但是功能重要的基因不一定在所有的处理条件下都表达差异。综上,该module 中的基因与丛枝病的发生有特定关系。

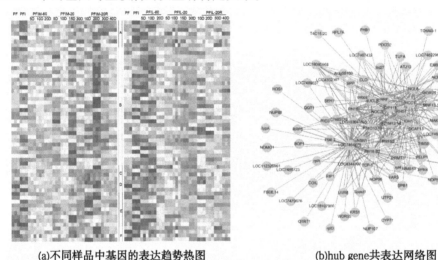

(a)不同样品中基因的表达趋势热图　　　　　　　　(b)hub gene共表达网络图

图 5-43　Darkviolet module 中基因的表达趋势热图及共表达网络

四、与丛枝病相关基因的筛选

　　为进一步分析出与泡桐丛枝病发生有密切关系的基因,对这 4 个 module 中的基因进行了两部分分析:第一,已有文献报道的与植原体分泌的效应因子有密切关系的或者是与丛枝病症状的发生有密切关系的基因,该部分基因可能会在不同的处理条件下不差异表达,但是依据其功能,我们认为其与丛枝病的发生有密切关系;第二,在病健苗中差异表达的,并且在高浓度试剂处理后表达趋势趋于健康苗的基因。综上两种情况,从这 4 个module 中共 443 个差异基因中筛选出来与丛枝病发病相关的 ubiquitin receptor RAD23c-like 等 20 个基因(见表 5-19)。这些基因主要参与光合作用、防御反应、叶绿体移动、花变叶、细胞壁溶解等过程。

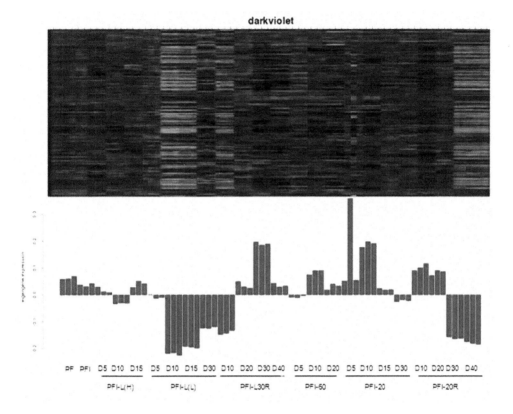

图 5-44　Darkviolet module 中基因共表达趋势

PF—健康苗;PFI—白花泡桐病苗;PFI-L(H)—100 mg/L 利福平浓度处理;PFI-L(L)—30 mg/L 利福平浓度处理;PFI-L30R—30 mg/L 利福平浓度处理后恢复;PFI-60—60 mg/L MMS 浓度处理;PFI-20—20 mg/L MMS 浓度处理;PFI-20R—20 mg/L MMS 浓度处理后恢复;D5、D10、D15、D20、D30 和 D40—处理的天数。

表 5-19　与泡桐丛枝病相关联的基因

Gene ID	Function
PAULOWNIA_LG6G000886	methylecgonone reductase-like
PAULOWNIA_LG15G000908	RNA-binding protein 38
PAULOWNIA_LG15G000763	thylakoid lumenal 29 kDa protein, chloroplastic
PAULOWNIA_LG7G000047	chlorophyll a-b binding protein 7, chloroplastic-like
PAULOWNIA _LG11G000626	protein PLASTID MOVEMENT IMPAIRED 2
PAULOWNIA_tig00016041G000062	zeatin O-glucosyltransferase-like
PAULOWNIA_LG15G000718	5'-nucleotidase domain-containing protein 4
PAULOWNIA_LG2G000393	omega-6 fatty acid desaturase, chloroplastic
PAULOWNIA _LG16G000893	WEB family protein At5g55860-like
PAULOWNIA _LG5G000832	ubiquitin receptor RAD23c-like

续表 5-19

Gene ID	Function
PAULOWNIA_LG12G000436	serine—glyoxylate aminotransferase
PAULOWNIA_LG9G000504	peptidyl-prolyl cis-trans isomerase FKBP53
PAULOWNIA _LG7G000600	defensin J1-2-like
PAULOWNIA _LG16G001301	cytochrome P450 710A1-like
PAULOWNIA_LG10G000433	ammonium transporter 1 member 1-like
PAULOWNIA_LG1G000136	serine/threonine-protein kinase At5g01020
PAULOWNIA_LG8G000482	MACPF domain-containing protein NSL1
PAULOWNIA _LG5G000222	LRR receptor-like serine/threonine-protein kinase At5g10290
PAULOWNIA _LG0G001356	BRASSINOSTEROID INSENSITIVE 1-associated receptor kinase 1
PAULOWNIA_LG6G000997	probable WRKY transcription factor 40

第三节　结　论

（1）通过 20 mg/L 和 60 mg/L MMS 在不同时间点处理的白花泡桐丛枝病幼苗进行 cDNA 文库构建和转录组测序转录组测序，共发现基因 33 302 个，其中新基因 1 475 个。在发现的基因中，有 31 755 个基因有功能注释。将得到的所有基因功能在 COG 数据库进行分类，结果显示，11 603 个注释到的基因分别属于 25 个 cluster，其中基因数量最多的是一般功能预测（3 344），其次是转录（1 836）、复制、重组和修饰（1 824）及信号转导机制（1 577），而核结构（2）类最少。同时将得到的所有基因功能在 eggNOG 数据库进行分类，注释到的 30 497 基因分别属于 25 个 cluster，其中基因数量最多的是未知功能（7 592），其次是一般功能预测（5 959）、信号转导机制（2 380）、转录后修饰、蛋白折叠和伴侣（2 254），而细胞外结构（84）和核结构类（53）最少。对所有基因进行了 GO 分类统计，结果表明，6 752 个基因被注释到 49 个 GO term 上，其中代谢过程相关基因（4 519）类最多，其次是细胞过程（3 864）、催化活力（3 523）、单细胞过程（3 228）和绑定（3 189）类，而病毒粒子（1）GO term 中所含的基因数目最少。

最后把所有基因注释结果比对到不同物种，并进行了物种相似性分布统计，结果显示，注释到芝麻（23 835，75.27%）的基因最多，其次是黄色猴面花（4 164，13.15%）。

（2）通过 30 mg/L 和 100 mg/L 利福平在不同时间点处理的白花泡桐丛枝病幼苗中，共获得 33 418 个基因。将得到的所有基因功能在 COG 数据库进行分类，结果显示 11 616 个注释到的基因分别属于 25 个 cluster，其中基因数量最多的是一般功能预测（3 338），其次是转录（1 833）、复制、重组和修饰（1 819）及信号转导机制（1 576），而细胞外结构（2）类最少。eggNOG 分类显示基因数量最多的是未知功能（7 613），其次是一般功能预测（5 970）、信号转导机制（2 384）、转录后修饰、蛋白折叠和伴侣（2 255），而细胞外结构

（84）和核结构类（52）最少。GO 分类统计结果表明，6 796 个基因被注释到 49 个 GO term 上，其中代谢过程（4 534）、细胞过程（3 860）、催化活力（3 545）、单细胞过程（3 238）和绑定（3 212）GO term 中所含的基因数目最多，而病毒粒子（1）GO term 中所含的基因数目最少。

（3）本研究以 MMS 和利福平不同浓度在不同时间点下处理的幼苗共 24 个样品的转录组数据为基础，通过 WGCNA 分析共找到 26 个模块，其中与丛枝病特异相关的 module 有 4 个，其模块类型（包含基因数）分别为 lightgreen（323）、navajowhite2（503）、dark-megenta（363）和 darkviolet（992）。

（4）为进一步分析出与泡桐丛枝病发生有密切关系的基因，对 4 个 module 中的基因进行了分析，从中共筛选出来与丛枝病发病相关的 ubiquitin receptor RAD23c-like 等 20 个基因，这些基因主要参与光合作用、防御反应、叶绿体移动、花变叶、细胞壁溶解等过程。该结果为泡桐丛枝病的发病机制的研究提供了新思路。

第六章　DNA 甲基化与转录组的关联分析

　　植物中 DNA 甲基化的建立与维持是由多个调控因子协同作用的结果。基因的转录与否决定了基因表达的开启和关闭,DNA 甲基化在转录过程中起到了至关重要的作用。当基因处于表达状态时甲基化水平往往很低,随着生长发育的进行需要将该基因关闭,就会在该基因的启动子或编码区发生甲基化,使基因转录受到抑制,基因失活,终止其表达;而一些处于关闭状态的基因因生长发育的需求要进行活化,开启表达,这时该基因的启动子区或编码区发生去甲基化,转录表达(邓大君,2014;李义良等,2018)。目前在植物研究方面,有报道利用转录组与甲基化关联分析确定了 2 个涉及甲基化的基因(甲基化酶 MET1 和去甲基化酶 DDM1)在雌雄两性花同株毛白杨的性别发育表达之间起重要作用(Ci et al., 2013),廖登群等(2017)报道 11 个 DNA 甲基转移酶 unigene 和 5 个去甲基化酶 unigene 在调控地黄块根的发育过程中具有重要作用。Ibtisam 等(2018)采用全基因组甲基化测序和转录组分析发现盐响应的枣椰根基因受 DNA 甲基化调控,然而通过转录组分析获得差异基因的表达变化与 DNA 甲基化相结合的研究在泡桐丛枝病中还未见报道。因此,本研究采用转录组和全基因组甲基化测序相结合的方法,分析泡桐丛枝病发生的不同阶段基因表达和甲基化的变化,获得与丛枝病发病相关基因的甲基化状况,以期从 DNA 甲基化水平上揭示泡桐丛枝病的发病原因,为进一步深入研究泡桐丛枝病的致病机制奠定坚实的理论基础。

第一节　材料与方法

一、试验材料

试验材料同第四章第一节和第五章第一节。

二、试验方法

(一)DNA 甲基化与基因关联分析

　　将 2 种试剂高低浓度处理的不同比较组间经 WGCNA 分析的关键模块基因,与不同比较组中相同的差异甲基化基因进行关联,分析甲基化基因的甲基化水平与基因表达的关系。

(二)发生甲基化的基因功能分析

　　差异表达基因(DEGs)(Fold change >2 或<0.5, 且 P- value < 0.05)、差异甲基化基因(DMGs)(P- value < 0.05),GO 注释即将基因映射到 GO 数据路(http://www.geneontology.org)进行注释,并基于'GO::TermFinder'(http://www.yeastgenome.org/help/analyze/go-term-fnder)超几何检验对 DEGs 进行 GO 富集分析。通过使用 Bonferroni 校正处

理计算的 p 值,并将校正的 p 值≤0.05 用作阈值。然后进行 KEGG pathway 注释和富集分析,方法参照 Fan 等(2015a)。

(三)qRT-PCR 验证

总 RNA 提取参照 RNA 提取试剂盒(北京艾德莱生物),操作步骤按照试剂盒说明书进行,qRT-PCR 操作步骤参照 Fan(2015),18SrRNA 作为本研究 qPCR 的内参,利用 SPASS 19.0 对表达量进行统计分析。qRT-PCR 所用引物见表 6-1。

表 6-1　qRT-PCR 所用引物序列

Function	Forward primer(5′-3′)	Reverse primer(5′-3′)
phosphatidylinositol 4-kinase beta 1	GACGATTCCAACCAGTGAAAGC	GGCACTTCTCCTGAATCCTAC
hypothetical protein F511_34219	CTGAATTCATCCAAGTCCTCGAG	CTCATCCCTGCTTACCTTCCTC
cytochrome P450 85A1	CTGAGATGGAATGAGGTCAGG	AGAGCAAGCAATGCTCCTCTC
methionine aminopeptidase 1B	AGCATCCTCCACTCTTCTTATG	AGCAGCAAGCTCACATGCAGC
basic leucine zipper and W2 domain-containing protein 2	TTGGATAATGCTGGTGATCTGG	CCAAAGACTGCAAGAATCTTTGC
serine/threonine-protein kinase CDL1	ACAAGAAGAAGGAGCGCATTG	TTGAAGCACTCCTCGATATACC
UDP-arabinopyranose mutase 1	GACGAATTGGACATAGTGATTCC	GCAGATTCTGTATGTGCTGTG
zinc finger CCCH domain-containing protein 48	GTCTCAATCATTGATCGACTCG	TCATGATCCAAGCGATCACTC
transcription factor PIF4	CTGAGTGGAACACTGAGGTTG	CTTCAACCAGATTAGGCGATG

(四)亚硫酸氢盐处理后测序(BS-PCR)验证

采用 Ezup 柱式植物组织基因组 DNA 抽提试剂盒(上海生工生物工程)抽提 PF、PFI、PFIM60-5、PFIM20-R40、PFIL100-5、PFIL30-R40 样品顶芽 DNA,详细步骤如下:将 50~100 mg 的新鲜植物组织在液氮中充分研磨成粉末,并转移至 1.5 mL 的离心管中。加入 600 μL 65 ℃预热的 Buffer PCB 和 12 μL β-巯基乙醇。震荡混匀,置于 65 ℃水浴 25 min,间或混匀加入 600 μL 的氯仿,充分混匀,12 000 r/min 离心 5 min。吸取上层水相至一个干净的 1.5 mL 的离心管中。加入与上层水相等体积 Buffer BD,颠倒混匀 3~5 次,再加与上层水相等体积的无水乙醇,充分混匀后用移液器将其全部;加入到吸附柱中,室温静置 2 min。10 000 r/min 离心 1 min,倒掉收集管中废液。将吸附柱放回收集管中,加入 500 μL PW Solution,10 000 r/min 离心 1 min,倒掉收集管中废液。将吸附柱放回收集管中,加入 500 μL Wash Solution,10 000 r/min,离心 1 min,倒掉收集管中废液。将吸附柱放回收集管中,12 000 r/min 离心 2 min。取出吸附柱,放入一个新的 1.5 mL 离心管中,在吸附膜中央加入 50 μL TE Buffer,静置 3 min,12 000 r/min 离心 2 min,得到的 DNA 溶液置于-20 ℃保存或直接用于后续试验。用 EZ DNA Methylation-GoldTM Kit D5005,北京天漠试剂盒进行亚硫酸氢盐转化 DNA。使用 Primer Premier 5 设计用于 BS-PCR 的引物(引物长度在 18~30 bp;Tm 值在 55~65 ℃,退火温度要在 60 ℃左右;GC 含量 40%~70%;要特别注意避免引物二聚体和非特异性扩增的存在;避免连续 4 个碱基,尤其是 G 和 C,3 端最后 5 个碱基内最好不能有多于 3 个的 G 或 C);纯化 PCR 产物并克隆到 pMD19-T 载体(TaKaRa,

Japan)中。然后将 5 个不同的克隆送至 Sangon Biotech Co.,Ltd(中国上海)进行测序。使用 Quma 软件(http://quma.cdb.riken.jp/)分析各个 CpG 位点的 DNA 甲基化,引物序列见表 6-2。

表 6-2　BS-PCR 所用引物序列

Function	upstream primer (5′-3′)	downstream primer(5′-3′)
hypothetical protein F511_34219	TTAATAGTGAATATATAATTGGTGGTG	CATAACTAAAATTTCTTATACCTCAATC

第二节　结果与分析

一、DNA 甲基化对基因表达的影响

为了探讨 DNA 甲基化基因转录表达状况,本研究将不同比较组之间进行了 DNA 甲基化,对前期的转录组测序结果进行了关联分析,结果显示,只有 404 个发生甲基化的基因在转录组上呈现差异表达。为了确定 DNA 甲基化水平与基因表达之间的关系,在不同区域进行表达模式的分析,包括上游(启动子)、外显子、内含子和下游。如图 6-1 所示,各区域甲基化基因具有 4 种表达模式:①甲基化水平上调,其基因表达上调;②甲基化水平下调,其基因表达下调;③甲基化水平上调,其基因表达下调;④甲基化水平下调,其基因表达上调。尽管 DMG 在基因组中表现出高 DNA 甲基化水平,但其在基因表达水平上的差异不明显。

二、DNA 甲基化差异基因的功能分析

为了进一步排除 2 种试剂处理对甲基化基因的影响,通过 2 种试剂的相同时间点不同比较组间的比较,获得共同甲基化的差异基因 404 个。GO 分类结果显示,这些甲基化基因主要被富集到 50 个 GO term(见图 6-2),其中氧化还原过程(97.90%)、调控转录(87.41%)、转录(83.92%)、相应钙离子(48.95%)以及蛋白质磷酸化(45.45%)是主要的 GO term(见表 6-3);KEGG pathway 富集分析,显示甲基化的基因主要集中在碳水化合物代谢(13.39%)、脂质代谢(12.50%)、氨基酸代谢(10.71%)、辅因子和维生素(8.04%)等途径(见图 6-3、表 6-4)。

三、基于转录组和 DNA 甲基化组的丛枝病相关基因的筛选

通过对 2 种试剂高低浓度处理的白花泡桐丛枝病幼苗的转录组测序,获得了大量的基因。然后采用 WGCNA 的方法对这 2 种试剂处理获得的基因进行了共表达趋势分析,从 4 个模块中共获得 20 个与丛枝病发生相关的基因。为了进一步排除试剂处理和生长发育引起的差异基因,将转录组产生的 20 个差异基因与甲基化差异的基因中进行了比对,最后筛选出 methylecgonone reductase-like 等 12 个与丛枝病相关的基因(见表 6-5),且功能搜索发现这 12 个基因的主要功能涉及光合作用、植物防御和信号转导等方面。

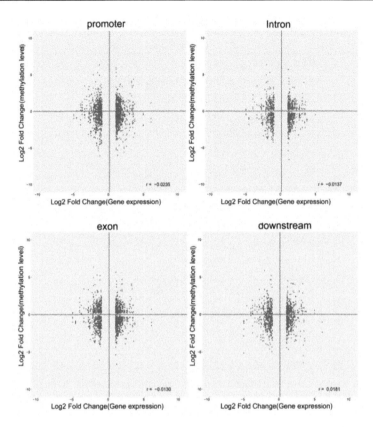

图 6-1　病健苗间基因的 DNA 甲基化水平与基因表达的模式分布

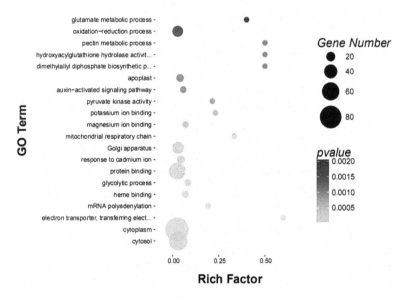

图 6-2　关联基因的 GO 分析

表6-3　关联的甲基化基因的 GO 功能分类

Function	GO_term	percent
Biological Process	oxidation-reduction process	97.90
	regulation of transcription, DNA-templated	87.41
	transcription, DNA-templated	83.92
	response to cadmium ion	48.95
	protein phosphorylation	45.45
	response to salt stress	45.45
	response to abscisic acid	34.97
	response to auxin	34.97
	response to cold	27.97
	intracellular protein transport	27.97
	glycolytic process	27.97
	auxin-activated signaling pathway	27.97
	secondary metabolite biosynthetic process	24.48
	signal transduction	24.48
	multicellular organism development	24.48
	response to water deprivation	20.98
	translation	20.98
	response to oxidative stress	20.98
	positive regulation of transcription, DNA-templated	20.98
	vesicle-mediated transport	20.98
	cell division	20.98
	proteolysis involved in cellular protein catabolic process	20.98
	protein transport	17.48
	response to wounding	17.48
	carbohydrate metabolic process	17.48
Cellular Component	nucleus	90.91
	cytoplasm	76.05
	cytosol	55.94
	chloroplast	43.71
	plasma membrane	41.96
	mitochondrion	28.85
	Golgi apparatus	27.10
	membrane	26.22
	integral component of membrane	24.48
	chloroplast stroma	15.73
	extracellular region	13.99
	plasmodesma	11.36
	apoplast	11.36
	vacuole	11.36
	vacuolar membrane	9.62

续表 6-3

Function	GO_term	percent
Molecular Function	protein binding	96.15
	ATP binding	62.94
	DNA binding	47.20
	metal ion binding	40.21
	transcription factor activity, sequence-specific DNA binding	40.21
	zinc ion binding	34.97
	kinase activity	31.47
	RNA binding	31.47
	protein serine/threonine kinase activity	27.97
	nucleotide binding	19.23

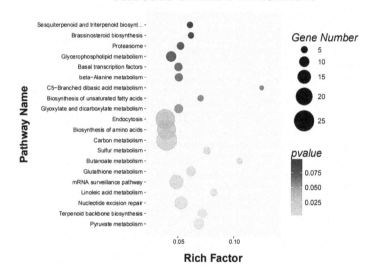

图 6-3　关联基因的 KEGG pathway 富集分析

表 6-4　关联的甲基化基因的 KEGG pathway 富集分析

KEGG Pathway	Percentage
Transport and catabolism	2.68
Signal transduction	1.79
Membrane transport	0.89
Transcription	2.68
Replication and repair	4.46
Translation	4.46
Folding, sorting and degradation	5.36
Energy metabolism	4.46

续表 6-4

KEGG Pathway	Percentage
Lipid metabolism	12.50
Nucleotide metabolism	1.79
Metabolism of other amino acids	4.46
Metabolism of terpenoids and polyketides	7.14
Amino acid metabolism	10.71
Overview	3.57
Metabolism of cofactors and vitamins	8.04
Carbohydrate metabolism	13.39
Biosynthesis of other secondary metabolites	6.25
Glycan biosynthesis and metabolism	3.57
Environmental adaptation	1.79

表 6-5　转录组与甲基化组相关联的基因

Gene ID	Function
PAULOWNIA_LG6G000886	methylecgonone reductase-like
PAULOWNIA_LG15G000908	RNA-binding protein 38
PAULOWNIA_LG15G000763	thylakoid lumenal 29 kDa protein, chloroplastic
PAULOWNIA_LG7G000047	chlorophyll a-b binding protein 7, chloroplastic-like
PAULOWNIA_LG15G000718	5'-nucleotidase domain-containing protein 4
PAULOWNIA_LG2G000393	omega-6 fatty acid desaturase, chloroplastic
PAULOWNIA_LG12G000436	serine—glyoxylate aminotransferase
PAULOWNIA_LG9G000504	peptidyl-prolyl cis-trans isomerase FKBP53
PAULOWNIA_LG10G000433	ammonium transporter 1 member 1-like
PAULOWNIA_LG1G000136	serine/threonine-protein kinase At5g01020
PAULOWNIA_LG8G000482	MACPF domain-containing protein NSL1
PAULOWNIA_LG6G000997	probable WRKY transcription factor 40

四、qRT-PCR 验证

为验证白花泡桐转录组测序结果的准确性,随机选择 9 个差异基因在部分样品中进行 qRT-PCR 分析（见图 6-4）,结果表明,这 9 个基因在所筛选的样品中的表达趋势与转录组测序结果相一致。该结果说明转录组测序数据可以用来评估泡桐丛枝病发生过程中的转录变化。

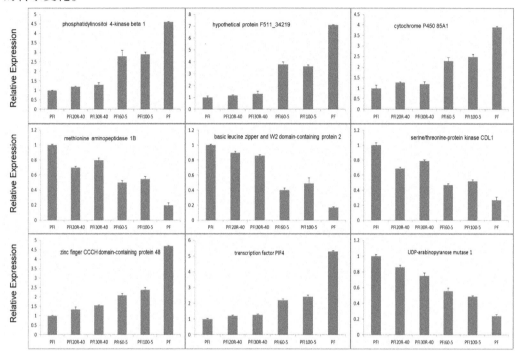

图 6-4　甲基化差异基因的 QRT-PCR 分析

五、BS-PCR 验证

为验证白花泡桐甲基化测序的准确性,本研究挑选关联分析后获得的关键基因 hypoth- etical protein F511_34219 进行了 BS-PCR 验证(见图 6-5),结果显示,该基因的甲基化水平在 PFI 中的甲基化水平为 66.00%,在 PFIL30R-40 中的甲基化水平为 28.40%, 在 PFI20R-40 中的甲基化水平为 26.80%, 在 PFIL100-5 中的甲基化水平为 26.00%,在 PFI60-5 中的甲基化水平为 25.20%,在 PF 中的甲基化水平为 24.80%,甲基化水平从病苗到健康苗的转变过程中甲基化水平逐渐降低。该结果与甲基化组测序结果一致。另外,该基因的甲基化水平与其 mRNA 表达呈现相反趋势(见图 6-4),一定程度上说明甲基化抑制基因表达。

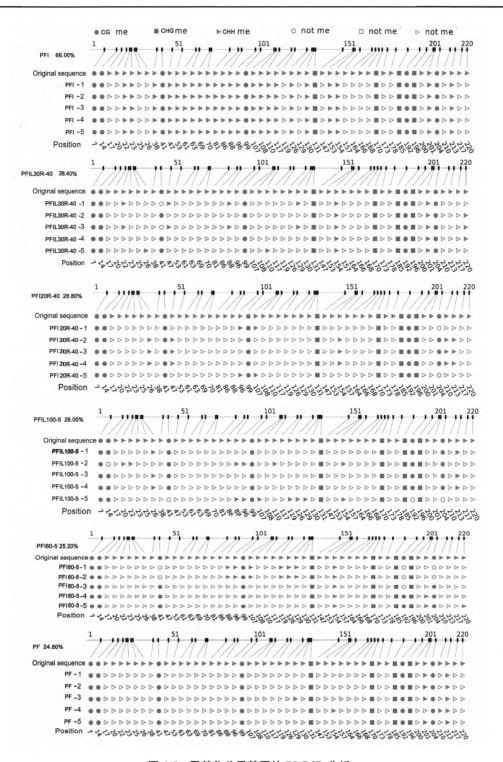

图 6-5 甲基化差异基因的 BS-PCR 分析

第三节　结　论

（1）为了确定 DNA 甲基化水平与基因表达之间的关系，本研究将基因的 DNA 甲基化水平和转录组测序结果在不同区域进行表达模式分析。结果显示，各区域有 4 种表达模式：①甲基化水平上调，其基因表达上调；②甲基化水平下调，其基因表达下调；③甲基化水平上调，其基因表达下调；④甲基化水平下调，其基因表达上调。

（2）通过 2 种试剂的不同比较组间的比较，获得共同甲基化基因 404 个，GO 分类结果显示，甲基化基因主要富集在 50 个 GO term 中，其中氧化还原过程（97.90%）、调控转录（87.41%）、转录（83.92%）、相应钙离子（48.95%）以及蛋白质磷酸化（45.45%）是主要的 GO term；KEGG pathway 富集分析发现，甲基化的基因主要集中在碳水化合物代谢（13.39%）、脂质代谢（12.50%）、氨基酸代谢（10.71%）、辅因子和维生素（8.04%）等途径。

（3）通过甲基化与转录组关联分析，找到了 404 个差异表达基因，其中有 methyl-ecgonone reductase-like 等 12 个基因与丛枝病发生密切相关，其功能主要涉及光合作用、植物防御和信号转导等方面。

（4）qRT-PCR 验证结果显示 mRNA 表达与转录组测序结果一致；BS-PCR 验证结果显示甲基化水平与测序结果一致，且 BS-PCR 验证基因表达与其甲基化水平呈现相反的表达趋势，说明一定程度上甲基化抑制基因的表达。

参 考 文 献

[1] 曹喜兵, 何佳, 翟晓巧, 等. 泡桐 AFLP 反应体系的建立及引物筛选[J]. 河南农业大学学报, 2010, 44 (2): 145-150.

[2] 曹喜兵, 赵改丽, 范国强. 泡桐 MSAP 反应体系的建立及引物筛选[J]. 河南农业大学学报, 2012, 46(5): 535-541.

[3] 曹亚兵, 翟晓巧, 介大委, 等. 周年温度变化对泡桐丛枝病植原体分布和消长的影响[J]. 河南农业科学, 2016, 45(10): 85-88.

[4] 曾子入, 贺从安, 张小康, 等. 高温胁迫诱导萝卜基因组甲基化变异分析[J]. 分子植物育种, 2018, 16(7): 2094-2098.

[5] 陈慕容, 杨绍华, 郑冠标. 橡胶树丛枝病及其与褐皮病关系的研究[J]. 热带作物学报, 1991, 12 (1): 65-73.

[6] 陈永萱, 叶旭东. 重阳木(Bischofia javanica B1.) 丛枝病的电镜诊断[J]. 南京农业大学学报, 1986 (2): 8-9.

[7] 代微, 刘继强. DNA 甲基化检测技术研究进展[J]. 生物化工, 2018, 4(2): 126-128.

[8] 邓卉, 鄂志国, 牛百晓, 等. DNA 甲基化抑制剂 5-氮脱氧胞苷对水稻基因组甲基化及幼苗生长发育的影响[J]. 中国水稻科学, 2019, 33(2): 108-117.

[9] 邓大君. DNA 甲基化和去甲基化的研究现状及思考[J]. 遗传, 2014, 36(5): 403-410.

[10] 丁维新. 土壤-泡桐体系中的养分含量及其在丛枝病发生中的作用[J]. 生态农业研究, 1994, 2 (1): 49-55.

[11] 杜驰, 张冀, 张丽丽, 等. 盐胁迫下盐穗木 DNA 甲基化程度与去甲基化酶基因(Ros1)表达的相关性研究[J]. 新疆农业科学, 2017, 54(5): 878-885.

[12] 杜绍华, 卜志国, 刘洋. 植原体浸染对枣树内源激素含量的影响[J]. 北方园艺, 2013(13): 12-15.

[13] 范国强, 曾辉, 翟晓巧. 泡桐丛枝病发生特异相关蛋白质亚细胞定位及质谱鉴定[J]. 林业科学, 2008, 44(4): 83-86.

[14] 范国强, 冯志敏, 翟晓巧, 等. 植物生长调节物质对泡桐丛枝病株幼苗形态和叶片蛋白质含量变化的影响[J]. 河南农业大学学报, 2006, 40 (2): 137-141.

[15] 范国强, 蒋建平. 泡桐丛枝病发生与叶片蛋白质和氨基酸变化关系的研究[J]. 林业科学研究, 1997, 10(6): 570-573.

[16] 范国强, 李有, 郑建伟, 等. 泡桐丛枝病发生相关蛋白质的电泳分析[J]. 林业科学 2003, 29(2): 119-122.

[17] 范国强, 张胜, 翟晓巧, 等. 抗生素对泡桐丛枝病植原体和发病相关蛋白质的影响[J]. 林业科学, 2007a, 43 (3): 138-142.

[18] 范国强, 张变莉, 翟晓巧, 等. 利福平对泡桐丛枝病幼苗形态和内源植物激素变化的影响[J]. 河南农业大学学报, 2007b, 41(4): 387-390.

[19] 范建成, 刘宝, 王隽媛, 等. 萘胁迫对水稻基因组 DNA 甲基化模式及水平的影响[J]. 环境科学, 2010, 31(3): 793-800.

[20] 付胜杰, 王晖, 冯丽娜, 等. 小麦与叶锈菌互作前后基因组甲基化模式分析[J]. 华北农学报, 2008, 23(4): 38-40.

[21] 郭广平. 竹类植物生长发育过程中的 DNA 甲基化研究[D]. 中国林业科学研究院,2011.

[22] 韩国安,郭永红,陈永萱. 用单克隆抗体检测枣疯病类菌原体[J]. 南京农业大学学报,1990,13(1):123-123.

[23] 洪舟,施季森,郑仁华,等. 杉木亲本自交系及其杂交种 DNA 甲基化和表观遗传变异[J]. 分子植物育种,2009,7(3):591-598.

[24] 蒋建平. 泡桐栽培学[M]. 北京:中国林业出版社,1990.

[25] 解增言,林俊华,谭军,等. DNA 测序技术的发展历史与最新进展[J]. 生物技术通报,2010,(8):64-70.

[26] 巨关升,王蕤,周银莲,等. 泡桐丛枝病的抗性与维生素 C 关系的研究[J]. 林业科学研究,1996,9(4):431.

[27] 黎明,翟晓巧,范国强,等. 土霉素对豫杂一号泡桐丛枝病幼苗形态和 DNA 甲基化水平的影响[J]. 林业科学,2008,44(9):152-156.

[28] 李海林,吴春太,李维国. 巴西橡胶树 DNA 甲基化的 MSAP 分析[J]. 分子植物育种,2011(1):69-73.

[29] 李义良,赵奋成,钟岁英,等. 湿加松及亲本 DNA 甲基化和表观遗传分析[J]. 分子植物育种,2018,16(1):76-81.

[30] 廖登群,祁建军,李先恩,等. 地黄甲基转移酶/去甲基化酶基因的注释及其在块根发育过程中的表达分析[J]. 中国科技论文,2017,12(18):2135-2140.

[31] 陆光远,伍晓明,陈碧云,等. 油菜种子萌发过程中 DNA 甲基化的 MSAP 分析[J]. 科学通报,2005,50(24):2750-2756.

[32] 潘丽娜,王振英. 植物表观遗传修饰与病原菌胁迫应答研究进展[J]. 西北植物学报,2013,33(1):210-214.

[33] 彭海,张静. 胁迫与植物 DNA 甲基化:育种中的潜在应用与挑战[J]. 自然科学进展,2009,19(3):248-256.

[34] 漆小泉,王玉兰,陈晓亚. 植物代谢组学——方法与应用[M]. 北京:化学工业出版社,2011.

[35] 祁云霞,刘永斌,荣威恒. 转录组研究新技术:RNA-Seq 及其应用[J]. 遗传,2011,33(11):1191-1202.

[36] 钱敏杰. DNA 甲基化和 microRNA 调控红梨果皮着色的机制研究[D]. 杭州:浙江大学,2017.

[37] 任国兰. 泡桐丛枝病的研究现状与进展[J]. 河南农业大学学报,1996,30(4):358-364.

[38] 任毅鹏,张佳庆,孙瑜,等. 基于 PacBio 平台的全长转录组测序[J]. 生物技术通报,2016,12(48):46-51.

[39] 申峰云,魏惠珍,孙勇兵,等. UPLC-MS/MS 同时测定大承气汤大鼠血浆中 9 种活性成分的含量[J]. 中国中药杂志,2014,39(22):2345-2350.

[40] 石玉波,钱长根,卓丽环,等. 百子莲花芽分化过程中 DNA 甲基化的差异分析[J]. 北方园艺,2018,415(16):105-110.

[41] 宋晓斌,张学武,郑文锋,等. 罹丛枝病泡桐组织结构的解剖观察[J]. 陕西林业科技,1993(4):38-40.

[42] 宋晓斌,郑文锋,张学武,等. 类菌原体的侵入对泡桐组织和细胞的影响[J]. 林业科学研究,1997,10(4):429-434.

[43] 田国忠,张锡津,熊耀国,等. 泡桐筛管内胼胝质与抗丛枝病关系的研究[J]. 植物病理学报,1994b(4):352-352.

[44] 涂美艳,李明章,孙淑霞,等. 红肉猕猴桃果实发育期不同果肉部位比较转录组分析[J]. 分子植

物育种, 2019,17(3):729-738.

[45] 王曦, 汪小我, 王立坤, 等. 新一代高通量 rna 测序数据的处理与分析[J]. 生物化学与生物物理进展, 2010, 37(8):834-846.

[46] 王蕤, 孙秀琴, 王守宗. 激素对泡桐丛枝病发生的影响[J]. 林业科学, 1981(3):281-286.

[47] 王清晨. 牡蛎疱疹病毒感染魁蚶转录组测定及免疫相关基因分析[D].大连:大连海洋大学, 2016.

[48] 吴新华, 朱瑞芝, 任卓英, 等.UPLC-MS/MS 法快速分离鉴定烟草中 5 种糖苷香味前提物质[J].烟草科学研究, 2009, 44(2):36-40.

[49] 熊肖, 李博, 龚强, 等. 大麦不同组织成熟过程中 DNA 甲基化的 MSAP 分析[J]. 长江大学学报(自然科学版), 2017, 14(10):29-33.

[50] 徐恩凯. 四倍体泡桐优良特性的分子机制研究[D].郑州:河南农业大学, 2015.

[51] 徐均焕, 冯明光. 桑萎缩病的类菌原体病原物及其超微病变特征[J]. 微生物学报, 1998,38(5):386-389.

[52] 薛建江, 邱景富. 病原菌感染宿主的转录组学研究进展[J]. 河北北方学院学报(医学版), 2007, 24(5):63-66.

[53] 杨悦, 杜欣军, 梁彬, 等. 第三代 DNA 测序及其相关生物信息学技术发展概况[J]. 食品研究与开发, 2015,36(10):143-148.

[54] 杨仕美, 乔光, 毛永亚, 等. 基于火龙果转录组测序的 SSR 标记开发及种质亲缘关系分析[J]. 分子植物育种, 2018, 16(24):8096-8110.

[55] 杨秀玲, 丁波, 杨秋颖, 等. DNA 甲基化在植物与双生病毒互作中的作用[J]. 中国科学:生命科学, 2016,46(5):514-523.

[56] 袁小环, 李青. 血清学方法和分子生物学方法检测植物病毒研究进展[J]. 热带农业科学, 2001(6):63-66.

[57] 翟晓巧, 王国周, 毕会涛,等. 泡桐丛枝病发生与叶片酚和氨基酸变化关系研究[J]. 河南科学, 2000, 18(3):277-279.

[58] 张松柏, 罗香文, 刘勇, 等. 植原体检测与分类研究进展[J]. 生物技术通报, 2010(6):48-51.

[59] 赵会杰, 吴光英. 泡桐丛枝病与超氧物歧化酶的关系[J]. 植物生理学通讯, 1995, 31(4):266-267.

[60] 朱航, 唐惠儒, 张许, 等. 基于 NMR 的代谢组学研究[J]. 化学通报, 2006, 69(7):1-7.

[61] Ahmad J, Renaudin J, Eveillard S. Expression of defence genes in stolbur phytoplasma infected tomatoes and effect of defence stimulators on disease development [J]. Eur J Plant Pathol, 2014, 139(1):39-51.

[62] Alexa A, Rahnenführer J, Lengauer T. Improved scoring of functional groups from gene expression data by decorrelating GO graph structure[J]. Bioinformatics, 2006, 22:1600-1607.

[63] Alexander B, Palak K, Zemp F J, et al. Transgenerational changes in the genome stability and methylation in pathogen-infectedplants(virus-induced plant genome instability)[J]. Nucleic Acids Research, 2007, 35:1714-1725.

[64] Alvarez S, Marsh E L, Schachtman D P, et al. Metabolomic and proteomic changes in the xylem sap of maize under drought[J]. Plant Cell & Environ, 2008, 31:325-340

[65] Andersen M T, Liefting L W, Havukkala I, et al. Comparison of the complete genome sequence of two closely related isolates of 'Candidatus Phytoplasma australiense' reveals genome plasticity[J]. Bmc Genomics, 2013,14(1):529.

[66] Au K, Jiang H, Lin L, et al. Detection of splice junctions from paired-end RNA-seq data by SpliceMap [J]. Nucleic Acids Res, 2010, 38(14):4570-4578.

[67] Au K, Sebastianob V, Afsharc P, et a1. Characterization of the human ESC transcriptome by hybrid sequencing [J]. Proceedings of the Nmional Academy of Science, 2013, 110(50): E4821-E4830.

[68] Au K, Underwood J, Lee L, et al. Improving PacBio long read accuracy by short read alignment.[J]. Plos One, 2012, 7(10):135-139.

[69] Bai X D, Correa V R, Toruño T Y, et al. AY-WB phytoplasma secretes a protein that targets plant cell nuclei[J]. Molecular Plant-Microbe Interactions, 2009, 22(1):18-30.

[70] Bai X, Zhang J, Ewing A, et al. Living with genome instability: the adaptation of phytoplasmas to diverse environments of their insect and plant hosts[J]. Journal of Bacteriology, 2006, 188 (10):3682-3696.

[71] Bara'nek M, Cechova J, Raddova J, et al. Dynamics and reversibility of the DNA methylation landscape of grapevine plants (Vitis vinifera) stressed by in vitro cultivation and thermotherapy[J]. PLos One, 2015, 10:e0126638.

[72] Bartels A, Han Q, Nair P, et al. Dynamic DNA Methylation in Plant Growth and Development[J]. International Journal of Molecular Sciences, 2018, 19(7):2144.

[73] Baylin S B, Herman J G, Graff J R, et al. Alterations in DNA methylation: a fundamental aspect of neoplasia.[J]. Advances in Cancer Research, 1998, 72:141.

[74] Ben Maamar M , Sadler-Riggleman I , Beck D , et al. Alterations in sperm DNA methylation, non-coding RNA expression, and histone retention mediate vinclozolin-induced epigenetic transgenerational inheritance of disease[J]. Environmental Epigenetics, 2018, 4(2). DOI:10.1093/eep/dvy010

[75] Bertamini M, Grando M S, Muthuchelian K, et al. Effect of phytoplasmal infection on photosystem II efficiency and thylakoid membrane protein changes in field grown apple (Malus pumila) leaves [J]. Physiological & Molecular Plant Pathology, 2002, 61(6):349-356.

[76] Butcher L M, Beck S. AutoMeDIP-seq: A high-throughput, whole genome, DNA methylation assay[J]. Methods, 2010, 52(3):223-231.

[77] Cao X B, Fan G Q, Deng M J, et al. Identification of genes related to Paulownia witches' broom by AFLP and MSAP[J]. International Journal of Molecular Sciences, 2014, 15:14669-14683.

[78] Cao X B, Fan G Q, Dong Y P, et al. Proteome profiling of Paulownia seedlings infected with phytoplasma[J]. Frontiers in plant science, 2017, 8.Doi: 10.3389/fpls.2017.00342

[79] Cao X B, Fan G Q, Zhao Z L, et al. Morphological changes of Paulownia seedlings infected phytoplasmas reveal the genes associated with witches´ broom through AFLP and MSAP [J]. Plos One, 2014, 9: e112533.

[80] Cao X B, Zhai X Q, Zhang Y, et al. Comparative analysis of microRNA expression in three Paulownia species with phytoplasma infection[J]. Forests, 2018, 9(6):302.

[81] Carginale V, Maria G, Capasso C, et al. Identification of genes expressed in response to phytoplasma infection in leaves of Prunus armeniaca by messenger RNA differential display[J]. Gene, 2004, 332 (1): 29-34.

[82] Chatterjee A, Ozaki Y, Stockwell P A, et al. Mapping the zebrafish brain methylome using reduced representation bisulfite sequencing[J]. Epigenetics, 2013,8(9):979-989.

[83] Chen T A, Jiang X P. Monoclonal antibodies against the maize bushy stunt agent [J]. Can J Micorbiol, 1988, 34(1): 6-11.

[84] Chen W, Li Y, Wang Q, et al. Comparative Genome Analysis of Wheat Blue Dwarf Phytoplasma, an Obligate Pathogen That Causes Wheat Blue Dwarf Disease in China [J]. Plos One, 2014, 9(5): e96436.

[85] Chiykowski L N, Sinha R C. Some factors affecting the transmission of eastern peach X-mycoplasmalike

organism by the leafhopper Paraphlepsius irroratus[J]. Canadian Journal of Plant Pathology, 1988, 10 (2): 85-92.

[86] Ci D, Song Y, Tian M, Zhang D. Methylation of miRNA genes in the response to temperature stress in Populus simonii[J]. Frontiers in Plant Science, 2015, 6:921

[87] Cl'ement Lafon-Placette, Faivre-Rampant P, Delaunay A, et al. Methylome of DNase I sensitive chromatin in Populus trichocarpa shoot apical meristematic cells: a simplified approach revealing characteristics of gene-body DNA methylation in open chromatin state[J]. New Phytologist, 2013, 197(2):416-430.

[88] Cokus S J, Feng S, Zhang X, et al. Shotgun bisulfite sequencing of the arabidopsis genome reveals DNA methylation patterning[J]. Nature, 2008,452(7184):215-219.

[89] Costa V, Angelini C, De Feis I, et al. Uncovering the complexity of transcriptomes with RNA-Seq[J]. Journal of Biomedicine & Biotechnology, 2010, (5757):853916.

[90] Deng S, Hiruki C. Amplification of 16S rRNA genes from culturable and nonculturable mollicutes [J]. J Microbiol Meth, 1991, 14(1):53-61.

[91] Dhandapani S, Jin J, Sridhar V, et al. Integrated metabolome and transcriptome analysis ofMagnolia champacaidentifies biosynthetic pathways for floral volatile organic compounds [J]. Bmc Genomics, 2017, 18(1):463.

[92] Dixon R, Achnine L, Kota P, et al. The phenylpropanoid pathway and plant defence-a genomics perspective[J]. Mol Plant Pathol.,2002, 3(5):371-390.

[93] Dixon R, Strack D. Phytochemistry meets genome analysis, and beyond[J]. Phytochemistry, 2003,62: 815.

[94] Doi Y, Tetranaka M, Yora K, et al. Mycoplasma-or PLT group-like organisms found in the phloem elements of plants infected with mulberry dwarf, potato witches′ broom, aster yellows or paulownia witches′ broom[J]. Japan J Phytopathol, 1967, 33(4): 259-266.

[95] Dong L, Liu H, Zhang J, et al. Single-molecule real-time transcript sequencing facilitates common wheat genome annotation and grain transcriptome research [J]. BMC Genomics ,2015, 16:1039.

[96] Dong Y P, Zhang H Y, Fan G Q, et al. Comparative transcriptomics analysis of phytohormone-related genes and alternative splicing events related to witches' broom in Paulownia[J]. Forests, 2018, 9(6): 318-319.

[97] Dou D, Zhou J M. Phytopathogen effectors subverting host immunity: different foes, similar battleground [J]. Cell Host & Microbe, 2012,12(4):484-495.

[98] Dowen R H, Ecker J R. Widespread dynamic DNA methylation in response to biotic stress[J]. Proceedings of the National Academy of Sciences of the United States of America,2012, 109:E2183.

[99] Du T, Wang Y, Hu Q, et al. Transgenic paulownia expressing shiva - 1 gene has increased resistance to paulownia witches′ broom disease[J]. J. Integr Plant Biol, 2005, 47(12): 1500-1506.

[100] Dubey A, Jeon J. Epigenetic regulation of development and pathogenesis in fungal plant pathogens[J]. Molecular Plant Pathology, 2017, 18(6):887.

[101] Durrant W E, Rowland O P P, Hammond-Kosack K E, et al. cDNA-AFLP reveals a striking overlap in race-specific resistance and woundresponse gene expression profiles[J]. Plant Cell, 2000, 12(6):963-977.

[102] Ehya F, Monavarfeshani A, Fard E M, et al. Phytoplasma-responsive microRNAs modulate hormonal, nutritional, and stress signalling pathways in Mexican lime trees[J]. PloS one, 2013, 8(6): e66372.

[103] Eid J, Fehr A, Gray J, et al. Real-time DNA sequencing from single polymerase molecules[J]. Science, 2009, 323(5910):133-138.

[104] Elhamamsy A R. DNA methylation dynamics in plants and mammals: overview of regulation and dysregulation[J]. Cell Biochemistry & Function, 2016, 34:289-298.

[105] Fan G Q, Cao X B, Niu S Y, et al., Transcriptome, microRNA, and degradome analyses of the gene expression of Paulownia with phytoplamsa[J]. BMC Genomics, 2015a, 16(1):1-15.

[106] Fan G Q, Cao X B, Zhao Z L, et al. Transcriptome analysis of the genes related to the morphological changes of Paulownia tomentosa plantlets infected with phytoplasma[J]. Acta Physiologiae Plantarum, 2015b, 37(10):202.

[107] Fan G Q, Cao Y B, Deng M J, et al. Identification and dynamic expression profiling of microRNAs and target genes of Paulownia tomentosa in response to Paulownia witches' broom disease[J]. Acta Physiol Plant, 2017, 39(1):28.

[108] Fan G Q, Cao Y B, Wang Z. Regulation of long noncoding RNAs responsive to phytoplasma infection in Paulownia tomentosa[J]. International Journal of Genomics, 2018(22):1-16.

[109] Fan G Q, Dong Y P, Deng M J, et al. Plant-pathogen interaction, circadian rhythm, and hormone-related gene expression provide indicators of phytoplasma infection in Paulownia fortunei[J]. International Journal of Molecular Sciences, 2014, 15 (12) :23141-23162.

[110] Fan G Q, Niu S Y, Zhao Z L, et al. Identification of microRNAs and their targets in Paulownia fortunei plants free from phytoplasma pathogen after methyl methane sulfonate treatment[J]. Biochim, 2016, 127:271-280.

[111] Fan G Q, Xu E K, Deng M J, et al. Phenylpropanoid metabolism, hormone biosynthesis and signal transduction-related genes play crucial roles in the resistance of Paulownia fortunei to paulownia witches' broom phytoplasma infection[J]. Genes Genom., 2015c, 37(11): 913-929.

[112] Fiehn O. Metabolic networks of Cucurbita maxima phloem[J]. Phytochemistry, 2003, 62: 875-886.

[113] Fumagalli E, Baldoni E, Abbruscato P, et al. NMR techniques coupled with multivariate statistical analysis: tools to analyse Oryza sative metabolic content under stress conditions[J] . J. Agrono Crop Sci, 2009, 195:77-88.

[114] Gai Y, Han X, Li Y, et al. Metabolomic analysis reveals the potential metabolites and pathogenesis involved in mulberry yellow dwarf disease[J]. Plant Cell Environ, 2014, 37:1474-1490.

[115] Hamzehzarghani H, Kushalappa A, Dion Y, et al. Metabolic profiling and factor analysis to discriminate quantitative resistance in white cultivars against fesarium head blight[J]. Physiol Mol Plant P, 2005, 66:119-123.

[116] Hofmann J,EI Ashry A, Anwar S, et al. Metabolic profling reveals local and systemic responses of host plants to nematode parasitism [J]. Plant J, 2010, 62:1058-1071.

[117] Hogenhout S A, Loria R. Virulence mechanisms of Gram-positive plant pathogenic bacteria[J]. Current Opinion in Plant Biology, 2008,11(4):449-456.

[118] Hoshi A, Oshima K, Kakizawa S, et al. A unique virulence factor for proliferation and dwarfism in plants identified from a phytopathogenic bacterium [J]. Proc Natl Acad Sci USA, 2009, 106: 6416-6421.

[119] Ibtisam A H , Rashid A Y , Yaish M W , et al. Differential DNA methylation and transcription profiles in date palm roots exposed to salinity[J]. Plos One, 2018, 13(1):e0191492.

[120] Ipekci Z, Gozukirmizi N. Direct somatic embryogenesis and synthetic seed production from Paulownia elongata[J]. Plant Cell Reports, 2003, 22(1): 16-24.

[121] Irani S, Trost B, Waldner M, et al. Transcriptome analysis of response to Plasmodiophora brassicae in-

fection in the Arabidopsis shoot and root[J]. Bmc Genomics, 2018, 19(1):23.

[122] Jiang Y, Chen T, Chiykowski L N. Production of monoclonal antibodies to peach eastern x-disease and use in disease detection [J]. Can J Plant Pathol, 1989, 11: 325-331.

[123] Jung S, Hur Y, Preece J, et al. Profiling of Disease-Related Metabolites in Grapevine Internode Tissues Infected with Agrobacterium vitis[J]. Plant Pathol J., 2016 , 32(6): 489-499.

[124] Junqueira A, Bedendo I, Pascholati S. Biochemical changes in corn plants infected by the maize bushy stunt phytoplasma[J]. Physiol Mol Plant P, 2004, 65:181-185.

[125] Kebede A Z, Johnston A, Schneiderman D, et al. Transcriptome profiling of two maize inbreds with distinct responses to Gibberella ear rot disease to identify candidate resistance genes[J]. Bmc Genomics, 2018, 19(1):131.

[126] Kensaku M, Ryo I, Misako H, et al. Recognition of floral homeotic MADS domain transcription factors by a phytoplasmal effector, phyllogen, induces phyllody[J]. The Plant Journal, 2014,78(4):541-544.

[127] Kesumawati E, Kimata T, Uemachi T, et al. Correlation of phytoplasma concentration in Hydrangea macrophylla with green-flowering stability[J]. Scientia Horticulturae, 2006,108(1):74-78.

[128] Kirkpatrick B, Stenger D, Morris T, et al. Cloning and detection of DNA from a nonculturable plant pathogenic mycoplasma-like organism [J]. Science, 1987, 238(4824): 197-200.

[129] Krikorian A D. Paulownia in China: cultivation and utilization[J]. Economic Botany, 1988, 42(3): 451-451.

[130] Kube M, Mitrovic J, Duduk B,et al. Current view on phytoplasma genomes and encoded metabolism [J]. The Scientific World J, 2012, 25:55-57.

[131] Lander E, Linton L, Birren B, et al. Initial sequencing and analysis of the human genome[J]. Nature, 2001, 409 (6822): 860-921.

[132] Lang Z , Wang Y , Tang K , et al. Critical roles of DNA demethylation in the activation of ripening-induced genes and inhibition of ripening-repressed genes in tomato fruit[J]. Proceedings of the National Academy of Sciences, 2017(5):233.

[133] Langfelder P, Horvath S. WGCNA: an R package for weighted correlation network analysis[J]. BMC bioinformatics, 2008, 9(1): 559.

[134] Lee I H, Kim J, Woo K S, et al. De novo assembly and transcriptome analysis of the Pinus densiflora response to pine wilt disease in nature[J]. Plant Biotechnology Reports, 2018, 12(1):1-8.

[135] Lee I M, Bottner-Parker K D, Zhao Y, et al. 'Candidatus Phytoplasma costaricanum' a novel phytoplasma associated with an emerging disease in soybean (Glycine max)[J]. International Journal of Systematic and Evolutionary Microbiology, 2011, 61(12): 2822-2826.

[136] Lee I M, Davis R E. Phloem-limited prokaryotes in sieve elements isolated by enzyme treatment of diseased plant tissues [J]. Phytopathology, 1983, 73(11): 1540-1543.

[137] Li E, Beard C, Jaenisch R. Role for DNA methylation in genomic imprinting[J]. Nature, 1993, 366 (6453):362.

[138] Li S, Li M, Li Z, et al. Effects of the silencing of CmMET1 by RNA interference in chrysanthemum (Chrysanthemum morifolium)[J]. Plant Biotechnology Reports, 2019(4):1-10.

[139] Li X, Zhu J, Hu F, et al. Single-base resolution maps of cultivated and wild rice methylomes and regulatory roles of DNA methylation in plant gene expression[J]. BMC Genomics, 2012, 13(1):300.

[140] Li Y, Xu C, Lin X, et al. De novo assembly and characterization of the fruit transcriptome of Chinese jujube (Ziziphus jujuba Mill.) Using 454 pyrosequencing and the development of novel tri-nucleotide

SSR markers[J]. Plos One, 2014, 9(9):e106438.

[141] Liu H, Zhao Z, Wang L, et al. Genome-wide expression analysis of transcripts, microRNAs, and the degradome in Paulownia tomentosa under drought stress[J]. Tree Genetics & Genomes, 2017, 13(6):128.

[142] Liu J, Wu X, Yao X, et al. Mutations in the DNA demethylase OsROS1 result in a thickened aleurone and improved nutritional value in rice grains[J]. Proceedings of the National Academy of Sciences, 2018, 115(44): 11327-11332.

[143] Liu L, Tseng H, Lin C, et al. High-Throughput Transcriptome Analysis of the Leafy Flower Transition of Catharanthus roseus Induced by Peanut Witches′-Broom Phytoplasma Infection [J]. Plant Cell Physiol, 2014, 55(5): 942-957.

[144] Liu R, Dong Y, Fan G, et al. Discovery of genes related to witches broom disease in Paulownia tomentosa × Paulownia fortunei by a de novo assembled transcriptome[J]. Plos One, 2013, 8 (11) :e80238.

[145] Liu S C, Jin J Q, Ma J Q, et al. Transcriptomic analysis of tea plant responding to drought stress and recovery[J]. PLOS ONE, 2016, 11(1):e0147306.

[146] Lu C, Myrto K, Martens J, et al. Transcriptional diversity during lineage commitment of human blood progenitors[J]. Science, 2014, 345(6204):1543-1549.

[147] Ma K, Song Y, Yang X, et al. Variation in Genomic Methylation in Natural Populations of Chinese White Poplar[J]. PLoS ONE, 2013, 8(5):e63977.

[148] Ma Y, Min L, Wang M, et al. Disrupted genome methylation in response to high temperature has distinct affects on microspore abortion and anther indehiscence[J]. The Plant Cell, 2018, 30(7): 1387-1403.

[149] Maclean A M, Sugio A, Makarova O V, et al. Phytoplasma effector SAP54 induces indeterminate leaf-like flower development in Arabidopsis plants[J]. Plant Physiology, 2011,157(2):831-841.

[150] Maclean A M, Orlovskis Z, Kowitwanich K, et al. Phytoplasma effector SAP54 hijacks plant reproduction by degrading mads-box proteins and promotes insect colonization in a rad23-dependent manner[J]. PLoS Biology, 2014, 12 (4) :e1001835.

[151] Marcucci G, Yan P, Maharry K, et al. Epigenetics meets genetics in acute myeloid leukemia: clinical impact of a novel seven-gene score[J]. Journal of Clinical Oncology, 2014,32(6):548-556.

[152] Margaria P, Ferrandino A, Caciagli P, et al. Metabolic and transcript analysis of the flavonoid pathway in diseased and recovered Nebbiolo and Barbera grapevines (Vitis vinifera L.) following infection by Flavescence dorée phytoplasma[J]. Plant Cell Environ, 2014, 37:2183-2200.

[153] Margaria P, Palmano S. Response of the Vitis vinifera L. cv. ′Nebbiolo′ proteome to flavescence doree phytoplasma infection[J]. Proteomics, 2011,11(2):212-224.

[154] Matsuda F, Nakabayashi R, Yang Z, et al. Metabolomc-genome-wide association study dissects genetic architecture for generating natural variation in rice secondary metabolism[J]. Plant J., 2015, 81: 13-23.

[155] Meissner A, Andreas G, George W B, et al. Reduced representation bisulfite sequencing for comparative high-resolution DNA methylation analysis[J]. Nucleic Acids Res, 2005,33(18):5868-5877.

[156] Minato N, Himeno M, Hoshi A, et al. The phytoplasmal virulence factor TENGU causes plant sterility by downregulating of the jasmonic acid and auxin pathways[J]. Scientific Reports, 2014(4):7399.

[157] Mou H, Lu J, Zhu S, et al. Transcriptomic analysis of Paulownia infected by Paulownia witches′-broom Phytoplasma[J]. Plos One, 2013, 8(10): e77217.

[158] Musetti R, Favali M A, Pressacco L. Histopathology and polyphenol content in plants infected by phytoplasmas[J]. Cytobios, 2000, 102 (401) : 133-147.

[159] Niu S Y, Fan G Q, Deng M J, et al. Discovery of microRNAs and transcript targets related to witches′

broom disease in Paulownia fortunei by high-throughput sequencing and degradome approach[J]. Mol Genet and Genom, 2016, 291(1):181-191.

[160] Nusaibah S, Siti N, Idris A, et al. Involvement of metabolites in early defense mechanism of oil palm (Elaeis guineensis Jacq.) against Ganoderma disease[J]. Plant Physiol Bioch, 2016, 109:156-165.

[161] Oshima K, Kakizawa S, Nishigawa H, et al. Reductive evolution suggested from the complete genome sequence of a plant-pathogenic phytoplasma[J]. Nat Genet, 2004, 36(1): 27-29.

[162] Pacifico D, Galetto L, Rashidi M, et al. Decreasing global transcript levels over time suggest that phytoplasma cells enter stationary phase during plant and insect colonization[J]. Appl Environ Microbiol, 2015, 81(7):2591-602.

[163] Parchman T L , Geist K S , Grahnen J A , et al. Transcriptome sequencing in an ecologically important tree species: assembly, annotation, and marker discovery[J]. BMC Genomics, 2010, 11(1):180-0.

[164] Peng W, Ma L, Li Y, et al. Transcriptome profiling of indole-3-butyric acid-induced adventitious root formation in softwood cuttings of the Catalpa bungei variety 'YU-1' at different developmental stages [J]. Genes & Genomics, 2016, 38(2):145-162.

[165] Ryan L, O'Malley R C, Julian T F, et al. Highly integrated single-base resolution maps of the epigenome in Arabidopsis[J]. Cell, 2008,133:523-536.

[166] Saad L, Sartori M, Bodetto S P, et al. Regulation of brain DNA methylation factors and of the orexinergic system by cocaine and food self-administration[J]. Molecular Neurobiology, 2019(11):1-17.

[167] Saccardo F, Cettul E, Palmano S, et al. On the alleged origin of geminiviruses from extrachromosomal DNAs of phytoplasmas[J]. BMC Evol Biol, 2011, 11(1): 185.

[168] Saito K, Matsuda F. Metabolomics for functional genomics, systems biology, and bioteclmology[J]. Annu Rev Plant Bilo, 2010,61:463-89.

[169] Seemüller E, Marcone C, Lauer U, et al. Current status of molecular classification of the phytoplasmas [J]. Journal of Plant Pathology, 1998, 80 (1) :3-26.

[170] Sergey K, Schatz M, Walenz B, et al. Hybrid error correction and de novo assemblyof single-molecule sequencing reads [J]. Nat Biotechnol, 2012, 30(7):693-700.

[171] Sharon D, Tilgner H, Grubert F, et al. A single-molecule long-read survey of the human transcriptome [J]. Nat Biotechnol, 2013, 31: 1009-1014.

[172] Shen W C, Lin C P. Production of monoclonal antibodies against a mycoplasmalike organism associated with sweetpotato witches' broom [J]. Phytopathology 1993, 83(6):671-675.

[173] Shiomi T, Sugiura M. Difference among Macrostelesorientalis-transmitted MLO, potato purple-top wilt MLO in Japan and aster yellows MLO from USA [J]. J Phytopathol, 1984, 50(4):455-460.

[174] Singal R, Ginder G D. DNA methylation[J]. Blood, 1999, 93(12):4059-4070.

[175] Sow M D, Segura V, Chamaillard S, et al. Narrow-sense heritability and PST estimates of DNA methylation in three *Populus* nigra L. populations under contrasting water availability[J]. Tree Genetics & Genomes,2018, 14:78.

[176] Staiger C J. Mapping the function of phytopathogen effectors [J]. Cell Host & Microbe, 2016,19(1):7-9.

[177] Su Y, Bai X, Yang W, et al. Single-base-resolution methylomes of Populus euphratica reveal the association between DNA methylation and salt stress[J]. Tree Genetics & Genomes, 2018, 14(6).DOI:10.1007/s11295-018-1298-1

[178] Swarbrick P, Schulze-Lefert P, Scholes J. Metabolic consequences of susceptibility and resistance

(race-specific and broad spectrum) in barley leaves challenged with poedery mildew [J]. Plant Cell Environ, 2006, 29:1061-1076.

[179] Tian X, Zheng J, Jiao Z, et al. Transcriptome sequencing and EST-SSR marker development in salix babylonica and S. suchowensis[J]. Tree Genetics & Genomes, 2019, 15(1):9-10.

[180] Tran-Nguyen L T, Kube M, Schneider B, et al. Comparative genome analysis of "Candidatus Phytoplasma australiense" (subgroup tuf-Australia I; rp-A) and "Ca. Phytoplasma asteris" Strains OY-M and AY-WB[J]. Journal Bacteriology, 2008, 190 (11):3979-3991.

[181] Walker J, Gao H, Zhang J, et al. Sexual-lineage-specific DNA methylation regulates meiosis in Arabidopsis[J]. Nature Genetics, 2018, 50:130-137.

[182] Wang B, Tseng E, Regulski M, et al., Unveiling the complexity of the maize transcriptome by single-molecule long-read sequencing[J]. Nat Commun, 2016(7):11708.

[183] Wang H, Tong W, Feng L, et al. De novo transcriptome analysis of mulberry (Morus L.) under drought stress using RNA-Seq technology[J]. Russian Journal of Bioorganic Chemistry, 2014, 40(4): 423-432.

[184] Wang N, Li Y, Chen W, et al. Identification of wheat blue dwarf phytoplasma effectors targeting plant proliferation and defence responses[J]. Plant Pathology, 2017, 67:603-609.

[185] Wang T, Liu Q, Li X, et al. RRBS - Analyser: a comprehensive web server for reduced representation bisulfite sequencing data analysis[J]. Human Mutation, 2013, 34.

[186] Wang W S, Pan Y J, Zhao X Q, et al. Drought-induced site-specific DNA methylation and its association with drought tolerance in rice (Oryza sativa L.) [J]. Journal of Experimental Botany, 2011, 62 (6):1951-1960.

[187] Wilheml B, Landry J. RNA-seq quantitative measurement of eapression through massively parallel RNA-sequencing [J]. Methods, 2009, 48(3):249-257.

[188] Xia Z, Xu H, Zhai J, et al. RNA-Seq analysis and de novo transcriptome assembly ofHevea brasiliensis [J]. Plant Molecular Biology, 2011, 77(3):299-308.

[189] Xu Z, Peters R, Weirather J, et al. Full-length transcriptome sequences and splice variants obtained by a combination of sequencing platforms applied to different root tissues of salvia miltiorrhiza and tanshinone biosynthesis[J]. Plant J., 2015, 82: 951-961.

[190] Xue C, Liu Z, Dai L, et al. Changing host photosynthetic, carbohydrate and energy metabolisms play important roles in phytoplasma infection[J]. Phytopathology, 2018:2(58):18.

[191] Yamazakia M, Nakajimaa J, Yamanashi M, et al., Metabolomics and differential gene expression in anthocyanin chemo-varietal forms of Perilla frutescens[J]. Phytochemistry, 2003, 62(6): 987-995.

[192] Yao D, Huo X, Zenda T, et al. Effects of ethephon on DNA methylation and gene expressions associated with shortened internodes in maize[J]. Biotechnology & Biotechnological Equipment, 2018, 32:1, 30-40.

[193] Yue H N, Wu Y F, Shi Y Z, et al. First report of Paulownia witches'-broom phytoplasma in China[J]. Plant Disease, 2008, 92(7):1134-1137.

[194] Zhong B X, Shen Y W. Accumulation of pathogenesis-related type-5 like proteins in phytoplasma-infected garland chrysanthemum Chrysanthemum coronarium[J]. Acta Biochimica Et Biophysica Sinica, 2004, 36(11): 773-779.

[195] Zhong S, Fei Z, Chen Y R, et al. Single-base resolution methylomes of tomato fruit development reveal epigenome modifications associated with ripening[J]. Nature Biotechnology, 2013, 31(2):154-159.